智能制造高技能人才培养规划丛书

机器视觉

原理与案例详解

工控帮教研组 / 编著

电子工业出版社
Publishing House of Electronics Industry
北京·BEIJING

内 容 简 介

本书结合智能制造的发展方向，将机器视觉的理论知识与生产实际相结合，通过典型案例详细讲解机器视觉的基础原理及其实现过程，并尝试解决智能制造装备智能化的相关问题。

本书共 12 章，主要包括机器视觉概述、硬件构成、硬件选型、图像处理技术、缺陷检测技术、模式识别技术、尺寸测量技术、目标定位技术、机器视觉软件 CKVisionBuilder 基础及实战、机器视觉软件 In-Sight 基础及实战。

本书图文并茂、由浅入深，特别适合机器视觉的初学者学习或参考，还可作为高等院校相关专业、企业相应岗位的培训教材。

未经许可，不得以任何方式复制或抄袭本书之部分或全部内容。

版权所有，侵权必究。

图书在版编目（CIP）数据

机器视觉原理与案例详解/工控帮教研组编著. —北京：电子工业出版社，2020.7

（智能制造高技能人才培养规划丛书）

ISBN 978-7-121-39084-5

Ⅰ. ①机… Ⅱ. ①工… Ⅲ. ①计算机视觉－教材 Ⅳ. ①TP302.7

中国版本图书馆 CIP 数据核字（2020）第 099209 号

责任编辑：张　楠

印　　刷：三河市鑫金马印装有限公司

装　　订：三河市鑫金马印装有限公司

出版发行：电子工业出版社

　　　　　北京市海淀区万寿路 173 信箱　　邮编：100036

开　　本：787×1092　1/16　印张：13.75　字数：352 千字

版　　次：2020 年 7 月第 1 版

印　　次：2020 年 7 月第 1 次印刷

定　　价：56.00 元

凡所购买电子工业出版社图书有缺损问题，请向购买书店调换。若书店售缺，请与本社发行部联系，联系及邮购电话：（010）88254888，88258888。

质量投诉请发邮件至 zlts@phei.com.cn，盗版侵权举报请发邮件至 dbqq@phei.com.cn。

本书咨询联系方式：（010）88254579。

本书编委会

主　编：余德泉

副主编：余茂松　欧阳志俊

前言
PREFACE

随着"工业互联网"概念的提出，中国制造业向智能制造方向转型已成为普遍共识并在积极落实。工业机器人是智能制造业最具代表性的装备。

当前，工业机器人替代人工作业已成为制造业的发展趋势。工业机器人作为"制造业皇冠顶端的明珠"，将大力推动工业自动化、工业数字化、工业智能化早日实现，为智能制造奠定基础。智能制造产业链涵盖智能装备（工业机器人、数控机床、服务机器人、其他自动化装备）、工业物联网（机器视觉、传感器、RFID、工业以太网）、工业软件（ERP/MES/DCS等）、3D打印及将上述环节有机结合起来的自动化系统集成和生产线集成等。

工业机器人是连接自动化和信息化的重要载体。围绕汽车、机械、电子、危险品制造、化工、轻工等应用需求，工业机器人将成为智能制造中智能装备的普及性产品。

智能装备应用技术的普及和发展是我国智能制造推进的重要内容。工业机器人应用技术是一个复杂的系统工程。工业机器人不是买来就能使用的，需要对其进行规划、集成，即把工业机器人本体与控制软件、应用软件、周边的电气设备等结合起来，组成一个完整的工作站方可进行使用。工业机器人通过在数字工厂中的推广应用，不断提高智能水平，使其不仅能替代人的体力劳动，而且能替代人的部分脑力劳动。因此，在以工业机器人应用为主线构造智能制造与数字车间的过程中，对关键技术的运用和推广就显得尤为重要。这些关键技术包括工业机器人与自动化生产线的布局设计、工业机器人与自动化上下料技术、工业机器人与自动化精准定位技术、工业机器人与自动化装配技术、工业机器人与自动化作业规划及示教技术、工业机器人与自动化生产线协同工作技术、工业机器人与自动化车间集成技术等。通过组建工业机器人的自动化生产线，利用机器手、自动化控制设备来推动企业技术向机器化、自动化、集成化、生态化、智能化方向发展，从而实现数字车间制造过程中产品流、信息流、能量流的智能化。

近年来，虽然多种因素推动着我国工业机器人在自动化工厂中广泛使用，但是一个越来越重要的问题清晰地摆在我们面前，那就是工业机器人的使用和集成技术人才严重匮乏，甚至阻碍了这个行业的快速发展。哈尔滨工业大学工业机器人研究所所长、长江学者孙立宁教授指出：按照目前中国工业机器人安装数量的增长速度，对工业机器人人才的需求早已处于干渴状态。目前，国内仅有少数本科院校开设工业机器人的相关专业，普遍没有完善的工业机器人相关课程体系及实训工作站。因此，老师和学员都无法得到科学培养，不能满足产业快速发展的需要。

工控帮教研组结合自身多年的工业机器人集成应用和教学经验，以及对工业机器人集成应用企业的深度了解，在细致分析工业机器人集成企业的职业岗位群和岗位能力矩阵的基础上，整合工业机器人相关企业的应用工程师和工业机器人职业教育方面的专家学者，编写"智能制造高技能人才培养规划丛书"。按照智能制造产业链和发展顺序，"智能制造高技能人才培养规划丛书"分为专业基础教材、专业核心教材和专业拓展教材三类。

- **专业基础教材**涉及的内容包括触摸屏编程技术、电气控制与 PLC 技术、液压与气动技术、金属材料与机械基础、EPLAN 电气制图技术、电工与电子技术等。
- **专业核心教材**涉及的内容包括工业机器人技术基础、工业机器人现场编程技术、工业机器人离线编程技术、工业组态与现场总线技术、工业机器人与 PLC 系统集成技术、基于 SolidWorks 的工业机器人夹具和方案设计、工业机器人维修与维护、西门子 S7-200 SMART PLC 编程技术等。
- **专业拓展教材**涉及的内容包括工业机器人的焊接技术与焊接工艺、机器视觉原理与应用技术、传感器技术、智能制造与自动化生产线技术、生产自动化管理技术（MES 系统）等。

本书内容力求源于企业、源于实际，然而因编著者水平有限，错漏之处在所难免，欢迎读者关注微信公众号 GKYXT1508 进行交流！

工控帮教研组

目 录

CONTENTS

第 2 部分　机器视觉实战

第1部分
机器视觉基础

第 1 章

机器视觉概述

- 机器视觉的发展历程
- 机器视觉的发展趋势
- 机器视觉的应用领域

机器视觉是利用机器代替人眼进行测量和判断：通过机器视觉产品（图像摄取装置）将被测物转换成图像信号，并传送给专用的图像处理系统；根据像素分布、亮度、颜色等信息，将图像信息转换成数字信号；对这些信号进行各种运算，从而提取目标特征，进而根据判别的结果控制现场的设备执行相应的动作。机器视觉在检测被测物的缺陷方面具有不可估量的价值。

1.1 机器视觉的发展历程

机器视觉技术是计算机学科发展的一个重要分支，其功能及应用领域随着工业自动化的快速发展而变得更加广泛和全面。机器视觉技术的发展经历了如下阶段。

- 20 世纪 60 年代：机器视觉技术的起源。20 世纪 60 年代末，美国学者罗伯兹关于理解多面体的组成，即对"积木世界"的研究成为早期人工智能领域最具代表性的课题之一，当时运用的预处理、边缘检测、对象匹配、轮廓线构成等机器视觉技术一直沿用至今。

- 20 世纪 70 年代：机器视觉技术的发展。MIT 人工智能实验室正式开设"机器视觉"课程，国际上许多知名学者参与视觉理论、算法、系统设计的研究。其中，D.Marr 教授于 1977 年提出了不同于"积木世界"分析方法的视觉计算理论（Vision Computational Theory）。该理论立足于计算机科学，系统地概括了心理生理学、神经生理学等方面取得的重要成果，使得机器视觉研究有了一个明确的体系，大大推动了对机器视觉的研究。D.Marr 教授的视觉计算理论将整个机器视觉过程分成三个阶段，依次为初级视觉处理、中级视觉处理和高级视觉处理，如图 1-1 所示。

- 20 世纪 80 年代：机器视觉技术的快速发展。在这个阶段，不仅出现了基于感知特征群的物体识别理论框架、主动视觉理论框架、视觉集成理论框架等概念，而且还产生了很多新的研究方法和理论，无论对一般二维信息的处理水平，还是针对三维图像的模型及算法研究水平都有了很大提高。有学者对机器视觉理论的发展提出了不同的意见和建议，即对图 1-1 进行了补充。总之，在这一阶段，机器视觉技术获得蓬勃发展，新概念、新方法、新理论不断涌现。

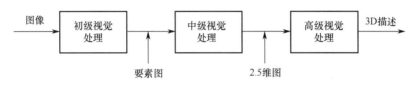

图 1-1

- 20 世纪 90 年代：机器视觉技术开始应用在工业领域中。由于机器视觉技术是一种非接触检测方式，在一些不适合人工作业的危险工作环境或人工视觉难以满足要求的场合中，常应用机器视觉代替人工视觉。同时，在大批量重复性的工业生产过程中，利用机器视觉检测方法可以大大提高生产效率和自动化程度。利用机器视觉技术对苹果 LOGO 缺陷的检测如图 1-2 所示。

（a）实际检测　　　　　　　　　（b）检测结果分别为合格、脏污、划伤、印刷不合格

图 1-2

- 21 世纪初期：机器视觉技术的深入研究。机器视觉作为机器人的"眼睛"，在人工智能快速发展的同时，正逐步走向成熟，即机器视觉技术开始应用到多个领域。例如，工业探伤、自动焊接、医学诊断、跟踪报警、移动机器人、指纹识别、人脸识别、模拟战场、智能交通、无人机与无人驾驶、智能家居等。机器视觉的应用如图 1-3 所示。

（a）无人驾驶　　　　　　　　　　（b）人脸识别

图 1-3

1.2 机器视觉的发展趋势

　　我国机器视觉技术的应用较晚，真正开始在工业领域进行广泛应用仅有十几年的时间。随着"工业4.0"概念的兴起，国内机器视觉公司如雨后春笋般不断发展壮大。

　　目前，国内机器视觉行业缺少相对成熟的自动化产品，市场也远远没有饱和，存在很大的发展空间。国内从事机器视觉研究的企业主要位于珠三角、长三角及环渤海地区。预计到了2025年前后，国内的机器视觉行业将进入产业成熟期。

　　工业4.0离不开智能制造，智能制造离不开机器视觉技术。机器视觉技术是实现工业自动化和智能化的必要手段，相当于人类视觉在机器上的延伸。机器视觉具有高度自动化、高效率、高精度，以及能适应较差环境等优点，将在工业自动化的实现过程中发挥重要作用。中国机器视觉行业的发展趋势如图1-4所示（数据来源：前瞻产业研究院发布的《机器视觉产业分析报告》）。

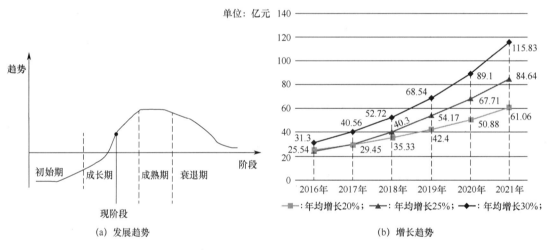

图1-4

1.3 机器视觉的应用领域

　　目前，机器视觉技术已广泛应用于工业、农业、国防、交通、医疗、金融、体育、娱乐等各行各业，深入到我们的生活、生产及工作的方方面面，在信息化的时代中，扮演着越来越重要的角色。

1. 在工业检测中的应用

　　传统产品采用人工检测的方法对产品表面的缺陷进行检测。随着科学技术的不断发展，特别是计算机技术的发展，机器视觉技术开始在工业中大面积应用。机器视觉技术与计算机图像处理、模式识别相结合，综合计算机技术、软件工程等不同领域的相关知识，可快速、准确地检测产品质量，完成人工无法完成的检测任务。

2. 在医学中的应用

机器视觉技术利用数字图像处理技术、信息融合技术，不仅可对 X 射线透视图、核磁共振图像、CT 图像进行适当叠加、综合分析，而且还可对其他医学影像数据进行统计和分析，例如，利用数字图像的边缘检测与图像分割技术，可自动完成细胞个数的计数或统计，不但大大节省了人力、物力，准确率和效率也较高。

3. 在智能交通中的应用

机器视觉技术在智能交通中可以执行自动导航和车流监测等任务。例如，机器视觉技术在无人驾驶和汽车辅助驾驶方面有着非常重要的作用：通过识别前方车辆、行人、障碍物、道路，以及交通信号灯和交通标识，将给人类带来前所未有的出行体验，重塑交通体系，并构建真正的智能交通时代。

如何快速、有效地检测拥堵状态，对于解决交通拥堵而言具有极其重要的意义。机器视觉技术的目标是通过数字图像处理、计算机视觉技术分析交通图像序列，并对车辆、行人等交通目标的运动进行检测、定位、识别和跟踪，以及对目标的交通行为进行分析、理解和判断，从而完成对各种交通数据的采集、交通事件的检测，并快速进行相应处理。

4. 在国防军事中的应用

机器视觉技术在国防军事中的应用包括对运动目标的跟踪、精准定位、无人机侦察等。搭载了嵌入式机器视觉技术的攻击武器，可以通过图像采集环节获取目标物的准确信息，进行相应的图像处理，并控制指令信息修正攻击弹药的运行路线与爆破点。精准制导的实现，大幅提高了弹药的打击精度，降低了误伤率及开支。

1.4 机器视觉的性能优势及功能特点

机器视觉的性能优势如下：

- 非接触检测方式：对观测者、被观测者都不会产生任何损伤，从而提高系统的可靠性。
- 具有较宽的光谱响应范围：例如，可使用人眼看不见的红外线进行检测，从而扩展人眼的视觉范围。
- 能够长时间稳定工作：人类难以长时间对同一对象进行观察，而机器视觉则可长时间地测量、分析和识别任务。
- 灵活、高效：能够进行各种不同的测量，并进行高速处理。

机器视觉的功能特点如下：

- 定位功能：能够自动判断物体的位置，并将位置信息通过一定的通信协议输出。此功能大多用于全自动装配和生产线，并与自动执行机构（机械手、焊枪、喷嘴等）相配合，例如，自动组装、自动焊接、自动包装、自动灌装、自动喷涂等。

- 测量功能：能够自动测量产品的外观尺寸，例如，对外形轮廓、孔径、高度、面积等的测量。
- 缺陷检测功能：能够检测产品表面的信息，例如，包装是否正确、印刷有无错误、表面有无划伤/颗粒/破损/油污/灰尘、塑料件有无穿孔等。基本上，只要需要利用人眼来判断的，都可以尝试利用机器视觉技术替代，从而获得更高的产品性能及检测质量。
- 模式识别功能：可以对各种声波、图片、文字、符号、条码等进行辨识，例如，在高速公路、景区出入口等地，对车辆信息进行登记管理、交通稽查的过程中，模式识别功能将起到非常重要的作用。

习题及实验

❶ 什么是机器视觉？
❷ 阐述机器视觉技术的发展历程。
❸ 机器视觉技术具有哪些优势？
❹ 机器视觉技术主要应用在哪些行业？

课外小知识：铝卷焊接

三维智能传感器可应用于许多行业，如消费电子行业、汽车行业、橡胶轮胎行业等。下面将介绍三维智能传感器应用于铝卷焊接的案例。

铝卷热轧是将铝锭通过加热、挤压等工艺后轧制成薄铝板，并用滚轧机卷成铝卷的过程。轧制出来的铝卷经过进一步加工，可作为汽车、电子等领域的重要原材料。铝卷热轧的过程及热轧出来的铝卷，如图 1-5 所示。

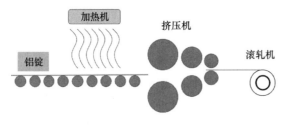

(a) 铝卷热轧的过程   (b) 热轧出来的铝卷

图 1-5

- 检测对象：铝卷焊接。
- 使用产品：Gocator 2340 一体式三维智能传感器。
- 背景说明：因为轧制出来的铝卷在运输过程中经常需要利用吊车进行装卸，所以必须在卷内圈和卷外圈焊接一些点来保证铝卷不松。由于刚刚轧制出来的铝卷温度高达 300℃，焊接工人长期工作在高温的环境中，非常不利于身体健康，因此，将使用 Gocator 2340 一体式三维智能传感器和机器人实现自动焊接。

- 异常层识别和焊点定位：由于铝卷焊接处具有凸起或凹陷的局部特征，所以，在实际操作过程中，不仅需要根据三维智能传感器采集到的数据计算焊点坐标，而且还需要计算焊枪的角度，从而防止撞枪。这个看似简单的操作，却在项目实施过程中产生了各种问题。例如，期望焊层处于铝卷的凹陷处，如图 1-6 所示。这是由于控制系统并不知道铝卷产生了局部凹陷，又由于焊枪有体积，所以向右侧偏转焊枪可能会导致撞枪。那么，为什么不让焊枪垂直进入呢？由于焊丝往往不是直的，而是具有一定曲度的，若是垂直进入，则有可能造成撞丝或焊点偏移，从而焊不牢靠。异常层识别的作用就是正确找出问题并解决，同时，系统将在合适的候选范围内重新定位焊点或报警。

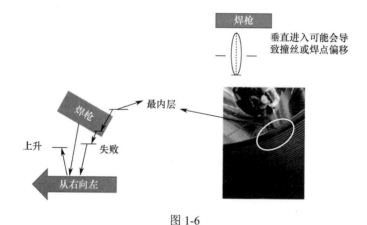

图 1-6

硬件构成

机器视觉的硬件构成包括光源、镜头、相机、图像采集卡、计算机等，如图 2-1 所示。其中，光源用于为视觉系统提供足够多的亮度；镜头用于将被测物成像到相机的靶面上，并将其转换成电信号；图像采集卡将电信号转换成数字图像信息；计算机用于实现图像的存储、处理，并给出测量结果和控制信号。

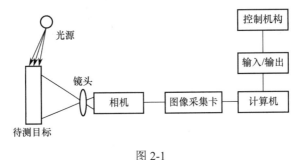

图 2-1

2.1 相机

工业相机又称摄像机（以下简称相机），相对于传统的民用相机而言，具有较强的图像稳定性、传输能力和抗干扰能力。

2.1.1 分类

1. 按芯片类型分类：CCD 相机、CMOS 相机

（1）CCD 相机

CCD 相机集光电转换、电荷存储、电荷转移、信号读取于一体，是典型的固体成像器件。CCD 相机的特点：以电荷为信号，不同于其他器件以电流或电压为信号。这类成像器件通过光电转换形成电荷包，而后在驱动脉冲的作用下转移、放大、输出图像信号。CCD 相机作为一种功能器件，与真空管相比，具有无灼伤、无滞后、低电压工作、低功耗，以及灵敏度高、抗强光、畸变小、寿命长、抗振动等优点。CCD 相机主要由 CCD 芯片、时序产生电路模块、信号处理电路模块、电子接口等组成，如图 2-2 所示。

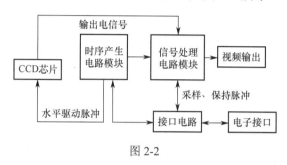

图 2-2

工作原理：被测物的图像经过光学镜头聚焦至 CCD 芯片上；时序产生电路模块提供水平驱动脉冲，帮助 CCD 芯片完成光电荷的转换、存储、转移和读取，并将光学信号转换为电信号输出；信号处理电路模块接收来自 CCD 芯片的电信号，并对脉冲进行采集、保持，以及自动增益控制、视频信号合成等预处理，将 CCD 芯片输出的电信号转换为需要的视频格式，即视频输出。

（2）CMOS 相机

CMOS 芯片的开发最早出现在 20 世纪 70 年代。随着超大规模集成电路（VLSI）的应用，CMOS 芯片开发技术得到迅速提高。CMOS 芯片将光敏元阵列、图像信号放大器、信号读取电路、模/数转换电路、图像信号处理器及控制器集成在一块芯片上，提高了 CMOS 芯片的集成度和设计的灵活性。目前，CMOS 芯片以其低功耗、高速传输和宽动态范围等特点，在高分辨率和高速传输等场合得到了广泛应用。

CMOS 相机主要由 CMOS 芯片、外围控制电路、数据采集处理模块组成，如图 2-3 所示。

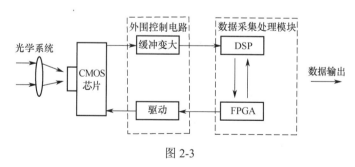

图 2-3

工作原理：CMOS 芯片可直接输出数字信号；大部分 CMOS 相机配有 FPGA 或 DSP 的数据采集处理模块，可直接对图像数据进行图像滤波、校正等预处理，并进行数据输出。

2. 按传感器的结构特性分类：线阵相机、面阵相机

（1）线阵相机

线阵相机呈"线"状，如图 2-4 所示。只能在两种情况下使用线阵相机：

- 被测视野为细长的带状：线阵相机的典型应用领域是检测连续运动的物体，如金属、塑料、纸和纤维等。被测物通常呈匀速运动，利用一台或多台线阵相机对其进行逐行扫描，以达到对整个表面的均匀检测。
- 需要极宽的视野或极高的精度：线阵相机的传感器具有极高的分辨率，可以精确到微米。

线阵相机的优点是每行的像元数多（总像元数比面阵相机的总像元数少），并且像元尺寸多样、帧率高，特别适用于对一维动态目标的检测。

（2）面阵相机

面阵相机的应用范围较广，如面积、形状、尺寸、位置甚至温度等。面阵相机可以快速、准确地获取二维图像的信息，并且能够非常直观地测量图像。面阵相机的缺点是总像元数太多，每行的像元数比线阵相机的像元数少，帧率受到限制。面阵相机如图 2-5 所示。

图 2-4

图 2-5

3. 按输出信号方式分类：模拟相机、数码相机

（1）模拟相机

模拟相机输出的信号形式为标准的模拟量视频信号，需要通过专用的图像采集卡将模拟量视频信号转化为计算机可以处理的数字信号，以便对视频信号进行处理与应用。模拟相机的优点是通用性好、成本低；缺点是分辨率低、采集速度慢，并且在图像传输中容易受到噪声干扰，导致图像质量下降，所以大多用在对图像质量要求不高的机器视觉系统中。其视频输出接口的形式主要为 BNC、S-VIDEO 等，所搭配的机器视觉主机大多采用"工控机+视频采集卡"的形式，整机成本较高。目前，在主要的高清机器视觉应用场景中，模拟相机的使用越来越少。

（2）数码相机

数码相机，顾名思义，其相机的视频输出信号为数字信号。数码相机的内部集成了 A/D 转换电路，可直接将模拟量的图像信号转化为数字信号，具有抗干扰能力强、视频信号格式

多样、分辨率高、视频输出接口丰富等特点。其视频输出接口主要为 IEEE 1394、USB 3.0、GigE（千兆网口）等。

4. 按输出色彩方式分类：黑白相机、彩色相机

（1）黑白相机

黑白相机将光信号转换成图像灰度值，生成的图像为灰度图像。灰度图像只包含亮度信息，不含色彩信息。在计算机中，一个字节为 8 位，所以，灰度图像可以包含 256（2^8=256）个信息。

（2）彩色相机

彩色相机可以将三原色的光信号进行转换，输出的是彩色图像，一般情况下，可以表示 16 777 216 种颜色（256×256×256=16 777 216），这种情况称为全彩色图像。

2.1.2　关键参数

1. 芯片尺寸

芯片尺寸表示图像传感器感光区域的面积大小，直接决定了整个系统的物理放大率。相机的芯片尺寸如图 2-6 所示。

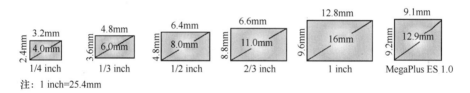

注：1 inch=25.4mm

图 2-6

2. 分辨率

分辨率表示每英寸包含的像素数。对于图像来说，分辨率是非常重要的，决定了图像是否能够清晰地呈现；相机的分辨率越高，成像后对细节的展示就越明显。

相机分辨率的高低，取决于相机中 CCD 芯片上的像素数量：CCD 芯片上的像素数量越多，相机的分辨率就越高。例如，相机的像素为 30 万，则其分辨率为 640×480（640 表示在 X 方向的像素数；480 表示在 Y 方向的像素数）。分辨率的示意图如图 2-7 所示。若视野为 640mm×480mm，相机的像素为 640×480，则通过公式"定位精度=视野/相机的像素"可知，X 方向的定位精度为 1mm，Y 方向的定位精度为 1mm。

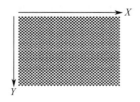

图 2-7

3. 像元尺寸

像元尺寸表示相机芯片上每个像元的实际物理尺寸。通过选择大的像元尺寸可弥补图像亮度的不足。常见的像元尺寸有 3.45μm、3.75μm、4.4μm、4.8μm、5.8μm、7.4μm 等。例如，若采用 1/3inch 的芯片，在一定条件的制约下，由 30 万像素的相机采集的图像亮度仍然不能达到要求，此时可以考虑使用 1/2inch 芯片，从而提高图像的亮度。

4. 帧率

帧率表示图像处理器在 1s 内能够采集图像的数量。高的帧率可以得到更流畅、更逼真的动画。一般来说，帧率应大于 30fps，若将性能提升至 60fps，则可以明显提升交互感和逼真感；若帧率超过 75fps，则不易察觉到是否提升了流畅度（如果帧率超过监视器的刷新率，监视器不能以这么快的速度刷新，则超过刷新率的帧率就被浪费了）。所以，在实际应用中，应合理选择与应用目标相匹配的帧率。

2.1.3　接口

相机是机器视觉的采集设备，需要与图像处理设备连接，并将采集到的图像数据传输给图像处理设备。相机接口分为模拟接口与数字接口：模拟接口的数据传输速度慢，稳定性和精度较低；数字接口为目前的主流技术，常用的数字接口包括 USB 2.0、USB 3.0、IEEE 1394a、IEEE 1394b、GigE、Camera Link、CoaXPress 等。

- USB 2.0 接口具有传输速度快、支持热插拔、携带方便、标准统一，以及可连接多个设备的特点，已广泛应用在各类外部设备中。USB 2.0 的传输速率可以达到 480Mbps，并且可以向下兼容 USB 1.1。

- USB 3.0 接口极大地提高了带宽（传输速率高达 5Gbps），能够更好地实现电源管理，以及使主机为设备提供更多的功率输出、更快地识别器件和处理数据。

- IEEE 1394a、IEEE 1394b 接口俗称火线接口，主要用于视频采集，其数据传输速率可达 400Mbps（IEEE 1394a）和 800Mbps（IEEE 1394b）。IEEE 1394a、IEEE 1394b 接口利用等时性传输，可保证传输的实时性，具有便于安装、即插即用的特点。

- GigE 是一种基于千兆以太网通信协议开发的相机接口，其数据传输速率较快，传输距离最远可达 100m。GigE 允许用户在很长的距离内利用标准线缆进行图像的快速传输，可在不同厂商的软、硬件之间轻松实现切换操作。

- Camera Link 是在 Channel Link 技术的基础上增加一些传输控制信号，并定义了一些相关传输标准的接口。任何具有 Camera Link 标志的产品均可方便地连接。其抗干扰性强，并且传输速率高达 5.4Gbps。

- CoaXPress 是一种非对称的、高速点对点的串行通信数字接口。该接口具有如下特点：允许设备（如数码相机）通过单根同轴电缆连接到主机（如计算机中的数据采集设备），并以高达 6.25Gbps 的传输速率传输数据（4 根线缆可达 25Gbps）；传输距离可超过 100m（在不使用集线器和中继器的情况下），可实现低延迟的实时数据传输；使用的线缆材料稳定（可以使用标准的同轴电缆），如 RG59 和 RG6；可在一根电缆上实现视频传输、串口通信控制和供电；支持热插拔。

不同相机接口的性能指标对比如表 2-1 所示。

表 2-1

性能指标	USB 2.0	USB 3.0	IEEE 1394a	IEEE 1394b	GigE	Camera Link	CoaXPress
传输速率	480Mbps	5Gbps	400Mbps	800Mbps	1Gbps	5.4Gbps	25Gbps（4 根线）
通信距离	5m	10m	4.5m	4.5m	100m	10m	大于 100m
成本	低	低	低	中	低	高	低
连接方式	主/从；共享总线	主/从；共享总线	点对点；共享总线	点对点；共享总线	点对点；局域网	点对点	点对点
示意图							

2.2　镜头

在机器视觉系统中，镜头的主要作用是将目标成像在图像传感器的光敏面上。镜头的质量将直接影响机器视觉系统的整体性能。合理地选择和安装镜头，是设计机器视觉系统的重要环节。镜头如图 2-8 所示。

图 2-8

2.2.1　视场角

视场角是以镜头为顶点，以被测物可通过镜头的最大范围的两条边构成的夹角，如图 2-9 所示。在光学系统中，视场角可用 FOV 表示，其与 CCD 芯片的关系如下：

$$\text{FOV} = \frac{L}{M} \tag{2-1}$$

$$M = \frac{h}{H} = \frac{V}{U} \tag{2-2}$$

$$h = \text{EFL} \times \tan(1/2 \times \text{FOV}) \tag{2-3}$$

式中，L 为 CCD 芯片的高或宽；M 为放大率；h 为像高；H 为物高；V 为像距；U 为物距；

EFL 为焦距。

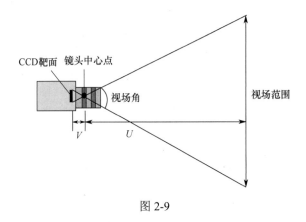

图 2-9

按照视场角的大小，镜头可分为标准镜头、广角镜头、远摄镜头。

2.2.2 光圈

光圈是一个用来控制透过镜头进入相机感光面的进光量的装置。光圈的大小（用 f 表示）如图 2-10 所示：f 后面的数值越小，光圈越大，进光量越多，画面越亮，焦平面越窄，主体背景越虚化；f 后面的数值越大，光圈越小，进光量越少，画面越暗，焦平面越宽，主体背景越清晰。

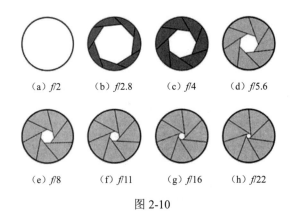

(a) f/2   (b) f/2.8   (c) f/4   (d) f/5.6

(e) f/8   (f) f/11   (g) f/16   (h) f/22

图 2-10

2.2.3 焦距

焦距又称焦长，是光学系统中衡量光的聚集或发散的度量方式，是从透镜中心到光聚集焦点的距离，也是从镜片光学中心到底片、CCD 或 CMOS 芯片等成像平面的距离。

镜头焦距的长短决定着视场角的大小：焦距越短，视场角就越大，观察范围就越大，但远物就越不清晰；反之，焦距越长，视场角就越小，观察范围就越小，远物就越清晰。因此，在选择焦距时，应充分考虑是观察细节还是观察范围：如果需要观察近距离、大场面的物体，则选择小焦距的广角镜头；如果需要观察远距离的细节，则选择大焦距的长焦镜头。焦距的计算公式如下：

$$焦距 = \frac{工作距离}{视野} \times 芯片尺寸 \qquad\qquad (2\text{-}4)$$

焦距、物距、视野的示意图如图 2-11 所示：物距表示在清晰对焦时，镜头或相机到被测物的垂直距离；视野表示在保持相机、镜头固定不动的情况下，镜头清晰对焦后能看到的区域。

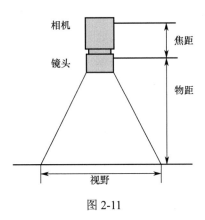

图 2-11

2.2.4　景深

对景深的说明如图 2-12 所示，表示在某个调焦位置上，前后一定范围内的物体都能够取得清晰图像。景深随镜头的焦距、光圈值、拍摄距离的变化而变化。对于固定的焦距和拍摄距离而言，使用的光圈越小，景深越大。

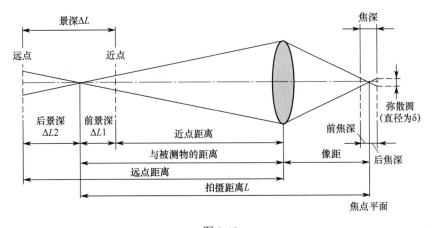

图 2-12

2.2.5　失真

被测物平面内的主轴外直线经光学系统成像后变为曲线，这种现象被称为失真，又称畸变。畸变只影响影像的几何形状，不影响影像的清晰度。镜头畸变的类型包括桶形畸变、枕形畸变、线性畸变等。

1. 桶形畸变

桶形畸变（Barrel Distortion）又称桶形失真，如图 2-13（a）所示，是成像画面呈桶形膨胀状的失真现象。在使用广角镜头或使用变焦镜头的广角端时，最容易出现桶形失真现象。普通消费级数码相机的桶形失真率通常为 1%。

2. 枕形畸变

枕形畸变（Pincushion Distortion）又称枕形失真，如图 2-13（b）所示，是由镜头引起的画面向中间"收缩"的现象。在使用长焦镜头或使用变焦镜头的长焦端时，容易出现枕形失真现象，特别是在使用焦距转换器之后，更容易发生枕形失真。当画面中有直线（尤其是靠近相框边缘的直线）时，枕形失真最容易被察觉。普通消费级数码相机的枕形失真率通常为 0.4%，低于桶形失真率。

原图无畸变　　　　（a）桶形畸变　　　　（b）枕形畸变

图 2-13

3. 线性畸变

线性畸变（Linear Distortion）又称线性失真，即当试图近距离拍摄高大的直线结构，如建筑物或树木时，会导致的一种失真现象。假设使用的是广角镜头，并且认为只把相机稍微向上瞄准一点，就可以把整个结构拍摄下来，但是，由于平行的线条显得并不平行，造成建筑物或树木好像要倾倒下来似的，这种失真现象被称为线性畸变，如图 2-14 所示。

图 2-14

2.2.6　分类

1. 按焦距调节方式分类：定焦镜头、变焦镜头

（1）定焦镜头

定焦镜头是焦距固定不变的镜头。定焦镜头相对于变焦镜头的最大好处是对焦速度快、

成像质量稳定，特别适合用于大型的风光摄影，以及大型的集体合影拍摄等场景。

（2）变焦镜头

变焦镜头是在一定范围内可以变换焦距，从而得到不同大小的视场角、不同大小的影像和不同景物范围的相机镜头。

- 对焦方式：根据对焦方式的不同，可以把变焦镜头分为手动变焦镜头和自动变焦镜头。
- 变焦范围：一般来说，变焦范围为 20～40mm 的变焦镜头被称为广角变焦镜头；变焦范围为 35～70mm 的变焦镜头被称为标准变焦镜头；变焦范围为 70～200mm 的变焦镜头被称为中远变焦镜头；变焦范围为 200～500mm 的变焦镜头被称为远摄变焦镜头。当然，也有不少镜头囊括了广角至中远，甚至远摄的范围，如 28～200mm、28～300mm 等。
- 变焦倍率：从变焦倍率来看，有 2 倍（变焦范围为 35～70mm）、3 倍（变焦范围为 70～210mm）、5 倍（变焦范围为 28～135mm）、7 倍（变焦范围为 28～200mm）、10 倍（变焦范围为 50～500mm）等变焦镜头。总体来说，变焦范围越大，相应的体积越大、画质越低、光圈越小。
- 变焦方式：根据操作的不同，变焦镜头可分为推拉式变焦和旋转式变焦两种。推拉式变焦的优点在于使用方便，可以快速地从最远端变焦到最近端，缺点在于采用俯、仰姿势拍摄的时候镜头容易滑动；旋转式变焦的优点在于对焦环和变焦环各自独立，转动操作时互不干涉，但操作不如推拉操作简便，尤其是在采用变焦拍摄"爆炸"效果时，不如推拉式变焦容易实现。

2. 按视场角大小分类：标准镜头、广角镜头、鱼眼镜头、远心镜头

（1）标准镜头

标准镜头是焦距长度接近或等于底片幅面/传感器对角线长度的镜头。以全幅 135 单反相机为例，它的底片幅面为 24mm×36mm，传感器对角线的长度为 50mm。所以，这类相机的标准镜头焦距为 50mm。当然，画幅不同的相机，标准镜头的焦距也有所不同。一般来说，120 相机的标准镜头焦距为 75mm。标准镜头的特点是孔径大、成像质量出众、价格低廉等。

（2）广角镜头

广角镜头是焦距小于标准镜头的焦距、视场角大于标准镜头的视场角的镜头。以全幅 135 单反相机为例，焦距约为 30mm、视场角约为 70° 的镜头被称为广角镜头；焦距小于 22mm、视场角大于 90° 的镜头被称为超广角镜头。

广角镜头的特点有：

- 景深大：有利于获得清晰的画面效果，广泛应用于风光片的拍摄中。
- 视场角大：在有限的范围内可以获得较大的取景范围，在室内建筑的拍摄中尤为常见，广泛应用于房地产行业的拍摄中。

- 透视感强烈：可以营造具有强烈视觉冲击感的画面。
- 畸变较大：尤其是在画面的边缘部分。

（3）鱼眼镜头

鱼眼镜头是一种极端的超广角镜头。以全幅 135 单反相机为例，焦距小于 16mm、视场角约为 180°的镜头被称为鱼眼镜头。

鱼眼镜头的特点有：

- 视场角大，被摄范围极广。
- 可获得极为夸张的透视感。
- 存在严重畸变，但可以获得戏剧性的效果。
- 价格昂贵，原为天文摄影而设计。
- 不能使用一般的滤镜，取而代之的是内置式滤镜。

（4）远心镜头

远心镜头是焦距长于标准镜头的焦距、视场角小于标准镜头视场角的镜头。以全幅 135 单反相机为例，焦距约为 200mm、视场角约为 12°的镜头被称为远心镜头；焦距大于 300mm、视场角约为 8°的镜头被称为超远心镜头。

远心镜头的特点有：

- 景深小，容易获得主体清晰、背景虚化的画面效果。
- 视场角小，能够获得远处主体较大的画面，不干扰被测物，可广泛应用于户外野生动物的拍摄中。
- 压缩了画面透视的纵深感，拉近了前、后景的距离。
- 影像畸变较小，广泛应用于人像摄影中。

除了以上的镜头，还有数码镜头、特殊专用镜头、滤光镜等。常见的镜头类型如图 2-15 所示。

（a）定焦镜头　　（b）变焦镜头　　（c）远心镜头　　（d）鱼眼镜头

图 2-15

2.2.7 接口

镜头的接口尺寸是有国际标准的，共有三种接口类型，即 F 型、C 型、CS 型。

- F 型接口是通用型接口，一般适用于焦距大于 25mm 的镜头，接口方式为卡口。

- 当镜头的焦距小于 25mm 时，因镜头的尺寸不大，便可采用 C 型或 CS 型接口，接口方式为螺纹口。

C 型接口与 CS 型接口的区别在于从镜头与相机的接触面至镜头的焦平面的距离不同：对于 C 型接口而言，其距离为 17.526mm；对于 CS 型接口而言，其距离为 12.5mm。因此，C 型接口与 C 型相机、CS 型接口与 CS 型相机可以配合使用。若在 C 型接口与 CS 型相机之间增加一个 5mm 的 C/CS 转接环，如图 2-16 所示，则两者可以配合使用，否则 CS 型接口与 C 型相机无法配合使用。

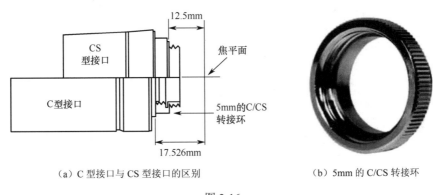

（a）C 型接口与 CS 型接口的区别　　　　（b）5mm 的 C/CS 转接环

图 2-16

2.3　光源

机器视觉系统的核心是图像采集和处理。所有信息均来源于图像，因此，图像本身的质量对整个机器视觉系统而言极为关键。光源是影响图像质量的重要因素，通过合适的光源照明设计，可使图像中的目标信息与背景信息得到最佳分离，从而大大降低图像处理算法的分割、识别难度，同时提高系统的定位、测量精度，以及系统的可靠性。反之，如果光源设计不当，则会导致在图像处理算法设计和成像系统设计中事倍功半。

因此，光源及光学系统设计是机器视觉系统的重要组成部分。在机器视觉系统中，光源的作用至少以下几种：照亮目标，提高目标亮度；形成有利于图像处理的成像效果；克服环境光干扰，保证图像的稳定性。

目前，机器视觉系统中的光源主要为 LED（发光二极管）灯，由于其具有形状多样、使用寿命长、响应速度快、颜色多样、综合性价比高等特点，在行业内应用广泛。

2.3.1　颜色

常用的光源颜色有白色、蓝色、红色、绿色等，光谱图如图 2-17 所示。RGB 是工业中的一种颜色标准，通过对红（R）、绿（G）、蓝（B）三个颜色通道的变化，以及它们之间的叠加得到其他颜色，如图 2-18 所示。

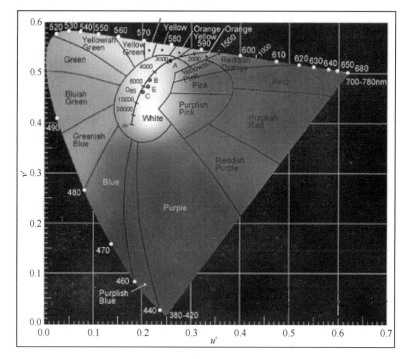

图 2-17

图 2-18

1. 白色光源（W）

白色光源通常利用色温来界定：色温高的颜色偏蓝（冷色，色温大于 5000K）；色温低的颜色偏红（暖色，色温小于 3300K）；色温界于 3300～5000K 之间的颜色称为中间色。白色光源的适用性广、亮度高，在拍摄彩色图像时应用较多。

2. 蓝色光源（B）

蓝色光源的波长为 430～480nm，适用于银色背景的产品（如钣金、汽车加工件等）、薄膜上的金属印刷品。

3. 红色光源（R）

红色光源的波长为 600～720nm。其波长较长，可以穿透一些比较暗的物体。例如，黑色的透明软板孔位、绿色的线路板等。采用红色光源照射时，可提高对比度。

4. 绿色光源（G）

绿色光源的波长为 510～530nm。其波长界于红色与蓝色之间，适用于红色背景的产品、银色背景的产品（如钣金、汽车加工件等）。

5. 红外光源（IR）

红外光源的波长为 780～1400nm。红外光属于不可见光，透过力强，一般应用在 LCD 屏检测、视频监控等方面。

6. 紫外光源（UV）

紫外光源的波长一般为 190～400nm。其波长短、穿透力强，主要应用在证件检测、触摸屏 ITO 检测、布料表面破损检测、点胶溢胶检测，以及金属表面划痕检测等方面。

2.3.2　分类

机器视觉系统使用的光源主要有卤素灯、氙气灯、荧光灯、LED 灯。4 种光源的对比如图 2-19 所示。

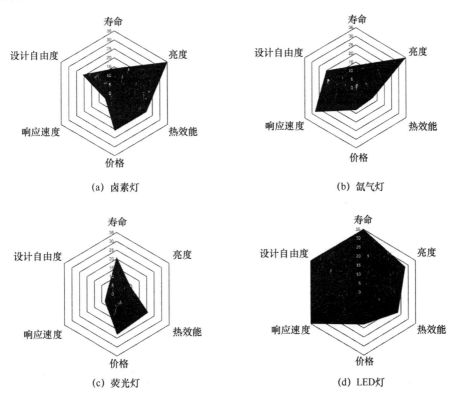

(a) 卤素灯　　　　　　　　　　　　　(b) 氙气灯

(c) 荧光灯　　　　　　　　　　　　　(d) LED灯

图 2-19

1. 卤素灯

卤素灯又称钨卤灯泡、石英灯泡，是白炽灯的一个变种。其工作原理是在灯泡内注入碘或溴等卤素气体,在高温下,升华的钨丝与卤素发生化学作用,冷却后的钨会重新凝固在钨丝上,形成循环,以避免钨丝过早断裂。卤素灯主要应用在需要集中照射的场合,例如,数控机床、轧机、车床、车削中心、金属加工机械、汽车前/后灯,以及家庭、办公室、写字楼等公共场所。其使用寿命约为 1000 小时。对卤素灯的优缺点说明如下。

- 优点:成本低廉、亮度高。
- 缺点:响应速度慢,几乎没有亮度和色温的变化。

2. 氙气灯

氙气灯的内部充满包括氙气在内的惰性气体的混合体,主要应用在汽车车灯和户外照明等场所,使用寿命约为 1000 小时。对氙气灯的优缺点说明如下。

- 优点:亮度高,色温与日光接近。
- 缺点:响应速度慢、发热量大、寿命短、工作电流大、供电安装的要求严格、易碎。

3. 荧光灯

荧光灯又称日光灯,利用低气压的汞蒸气在通电后释放紫外线,从而使荧光粉发出可见光,因此,荧光灯属于低气压弧光放电光源。荧光灯主要应用于服装、百货、超级市场、食品、水果、展示窗等色彩绚丽的场合,使用寿命为 1500～3000 小时。对荧光灯的优缺点说明如下。

- 优点:扩散性好,适合大面积的均匀照射。
- 缺点:响应速度慢,亮度较暗。

4. LED 灯

LED 灯的芯片采用半导体材料,利用银胶或白胶固化到支架上,并用银线或金线连接芯片和电路板,四周利用环氧树脂密封,从而起到保护内部芯片的作用,最后安装外壳。LED 灯的抗振性能较好,使用寿命为 10 000～30 000 小时。可以利用多个 LED 灯达到较高亮度,并组合成不同的形状,响应速度快,波长可以根据用途选择,具有环保节能、价格低廉的特点。所以,机器视觉系统的光源大多选用 LED 灯。

按照形状不同,LED 光源通常分为以下几类。

（1）环形光源

环形光源的实物图如图 2-20（a）所示,照射示意图如图 2-20（b）所示。环形光源的特点如下。

- 可将不同照射角度、不同颜色的光源组合,从而突出物体的三维信息。
- 采用高密度 LED 阵列设计,亮度较高。
- 多种紧凑设计,可节省安装空间。
- 可解决对角照射的阴影问题。
- 可选用漫射板导光,光线均匀扩散。

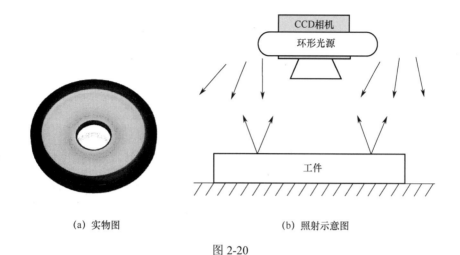

（a）实物图　　　　　　　　　　（b）照射示意图

图 2-20

环形光源可应用于 PCB 基板检测、芯片检测、显微镜照明、液晶校正、塑胶容器检测、集成电路的印字检查等场景中。

（2）背光源

背光源的实物图如图 2-21（a）所示，照射示意图如图 2-21（b）所示。其采用高密度 LED 阵列设计，可提供高强度的背光照明，并突出物体的外形轮廓特征，尤其适合作为显微镜的载物台。背光源分为多种，如红白两用背光源、红蓝两用背光源等。通过调配出不同的颜色，可满足不同被测物的多色要求。

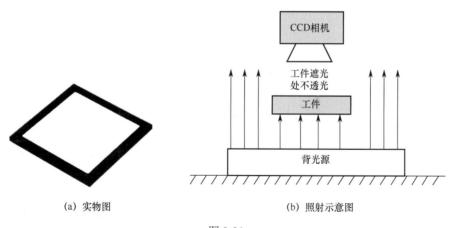

（a）实物图　　　　　　　　　　（b）照射示意图

图 2-21

背光源可应用在机械零件尺寸的测量、电子元件的检测、芯片的外形检测、胶片污点的检测、透明物体的划痕检测等场景中。

（3）条形光源

条形光源的实物图如图 2-22（a）所示，照射示意图如图 2-22（b）所示。条形光源是较大被测物的首选光源，颜色可根据需求搭配、自由组合，照射角度可调。

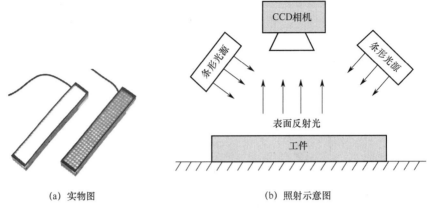

(a) 实物图　　　　　　　　　　　　(b) 照射示意图

图 2-22

条形光源可应用于金属表面检查、图像扫描、表面裂缝检测、液晶显示器面板检测等场景中。

（4）同轴光源

同轴光源的实物图如图 2-23（a）所示，照射示意图如图 2-23（b）所示。同轴光源可以消除因物体表面不平整而引起的阴影，从而减少干扰。同轴光源的特点如下。

● 采用分光镜设计，可减少光损失、提高成像的清晰度。
● 可均匀照射物体表面。

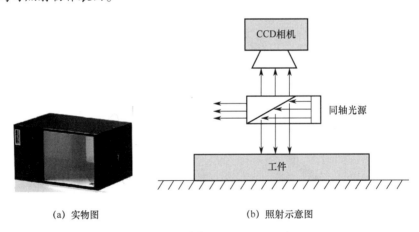

(a) 实物图　　　　　　　　　　　　(b) 照射示意图

图 2-23

同轴光源可应用于反射度极高的物体表面划伤检测（如金属、玻璃、胶片、晶片等）、芯片和硅晶片的破损检测、Mark 点定位、条码识别等场景中。

（5）点光源

点光源的实物图如图 2-24（a）所示，照射示意图如图 2-24（b）所示。点光源的特点如下。

● 功率大、体积小、发光强度高。

● 作为卤素灯的替代品，非常适合作为镜头的同轴光源。
● 具有高效散热装置，大大提高了光源的使用寿命。

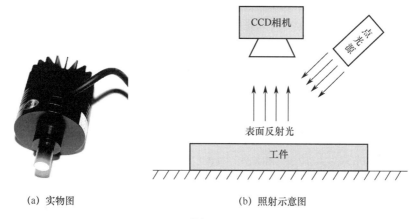

(a) 实物图　　　　　　　　　　(b) 照射示意图

图 2-24

点光源可应用于芯片检测、Mark 点定位、晶片及液晶玻璃的基底校正等场景中。

（6）碗状光源（球积分光源）

碗状光源的实物图如图 2-25（a）所示，照射示意图如图 2-25（b）所示。碗状光源可均匀反射从底部发出的光线，从而使整个图像的亮度均匀。

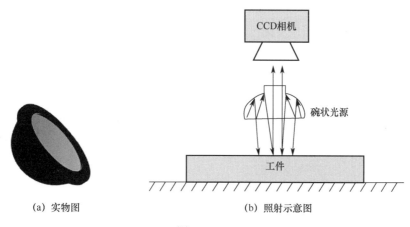

(a) 实物图　　　　　　　　　　(b) 照射示意图

图 2-25

碗状光源可应用于曲面表面的检测、凹凸表面的检测、弧形表面的检测，以及金属、玻璃等表面反光较强的物体表面检测场景中。

2.4　图像采集卡

图像采集卡主要完成对模拟视频信号的数字化过程，即图像采集卡用于将各种模拟视频信号经 A/D 转换成数字信号，并送入计算机，以供计算机进行处理、存储、传输等操作。图像采集卡在具有模/数转换功能的同时，还具有对视频图像的分析、处理功能，可对相机进行有效控制。一般情况下，图像采集卡以可插入计算机，或者脱离计算机独立使用的板卡形式出现，是视频信号从相机到计算机之间传输的桥梁。数字信号的实现过程如图 2-26 所示。

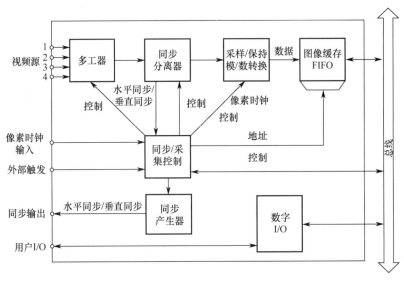

图 2-26

同步分离器将同步脉冲从输入的视频信号中分离：水平同步表示新的一行的开始；垂直同步表示新的一场或一帧的开始。通常情况下，在视频信号与图像采集卡连接后，在图像采集卡的工作稳定之前，需要一段时间进行初始化，不然当从一个视频源切换到另一个视频源时，就有可能产生错误。为了避免发生长时间的初始化，视频源必须与外部同步，即采用锁相机制。一些图像采集卡带有用于产生同步信号的同步产生器。但是，这些同步信号是 TTL 电平，而不是视频标准脉冲电平。因此，视频源必须能够与 TTL 信号协同工作。还需要注意，同步分离器与同步产生器是相互独立的，并且不是直接与视频源相连的。

尽管图像采集卡，这一机器视觉系统中的重要组成部分，正面临着巨大的挑战（采用 IEEE 1394 或 USB 2.0 接口的工业相机的出现，让许多机器视觉系统不再需要任何图像采集卡），但是，就目前的市场而言，图像采集卡的价格优势仍是这些新相机所不具备的，因此，在未来很长的一段时间里，图像采集卡仍将发挥固有的作用。

2.5 机器视觉教学实验平台

本书应用的机器视觉教学实验平台如图 2-27 所示。其功能强大、使用方便，可以满足机器视觉中各类实验的开设需求，包括采集图像、图像处理、模式识别、形状匹配、位置补正、斑点定位、轮廓匹配等功能；以 CK VisionBuilder 或 In-Sight 为视觉处理核心，集成了计算机、图像采集卡、数字 I/O 控制、光源、相机等所有视觉系统常用的组件，提供 20 多种机器视觉智能测控教学实验方案；为了培养学生的独立思维和实践创新能力，设置有学生自定义的研究型实验，包括图像获取、图像处理、模式识别、跟踪检测和图像信息融合等。

图 2-27

机器视觉教学实验平台由以下几个部分组成：光源、镜头、CCD 相机、旋转台、光源控制器、传感器及图像处理模块等。它的基本实验功能如下。

- 尺寸测量：实现工件的多参数尺寸测量和显示。
- 条码读取：实现条码的处理和读取，并显示结果。
- OCR 字符读取：实现光学字符的测量、处理和读取，并显示结果。
- 颜色的识别与定位：判断局部图像范围内是否存在已定义颜色，并通过与基准色差进行对比。
- 划痕检测：实现各类工件表面的划痕测量、处理和标定。
- 形状匹配：实现复杂图像工件形状的测量和识别。
- 焊点检测：实现 PCB 焊点缺陷的检测、识别、分类。
- 边缘检测：实现指定区域的边缘位置检测、判断有无、计数。
- 坐标校准：实现图像坐标与实际坐标的转换。
- 斑点分析：实现斑点的几何形状检测和斑点计数。

习题及实验

❶ 机器视觉系统的硬件由哪些部分组成？并说明其功能。

❷ 工业相机具有哪些特点？

❸ 工业相机有哪些分类?

❹ C 型接口与 CS 型接口的区别有哪些?

❺ 已知被测物的精度要求为 0.02mm,视野为 20mm×15mm,请问应选择多少像素的工业相机,并论述其原因。

❻ 光源有哪些作用?简述 LED 光源的种类。

❼ 已知被测物的长和宽均为 100mm,精度要求为 0.1mm,工业相机与被测物的距离为 240mm,请问应选择何种相机和镜头(芯片尺寸为 6.4mm×4.8mm)。

课外小知识:智能相机在工业中的应用

智能相机是一种高度集成化的微小型机器视觉系统,如图 2-28 所示,即将图像的采集、处理与通信功能集成于单一相机内(包括 DSP、FPGA 及大容量存储技术)。随着其智能化程度的不断提高,可满足多种机器视觉的应用需求,并提供具有多功能、模块化、高可靠性、易于实现的机器视觉解决方案。

图 2-28

智能相机一般由图像采集单元、图像处理单元、图像处理软件、网络通信装置等构成。

- 图像采集单元:在智能相机中,图像采集单元相当于普通意义上的 CCD/CMOS 相机和图像采集卡。它将光学图像转换为模拟/数字图像,并输出至图像处理单元。
- 图像处理单元:图像处理单元类似于图像采集卡,可对图像采集单元的图像数据进行实时存储,并在图像处理软件的支持下进行图像处理。
- 图像处理软件:图像处理软件主要是在图像处理单元的硬件支持下,完成图像处理功能。例如,几何边缘的提取、简单的定位和搜索等。在智能相机中,以上算法都封装成固定的模块,用户可直接应用而无须编程。
- 网络通信装置:网络通信装置是智能相机的重要组成部分,主要完成控制信息、图像数据的通信任务。智能相机一般均内置以太网通信装置,并支持多种标准网络和总线协议,从而使多台智能相机通信,以构成更大的机器视觉系统。

智能相机具有易学、易用、易维护、安装方便等特点,可在短期内构建起可靠而有效的机器视觉系统。其技术优势主要表现在以下方面:

- 智能相机的结构紧凑、尺寸小，易于安装在生产线和各种设备上，并且便于装卸和移动。
- 智能相机实现了图像采集单元、图像处理单元、图像处理软件、网络通信装置的高度集成，通过可靠性设计，可以获得较高的效率及稳定性。
- 由于智能相机已固化了成熟的机器视觉算法，用户无须编程就可实现有/无判断、表面缺陷检查、尺寸测量、字符识别、条码识别等功能。

智能相机已在各个领域得到广泛应用。

- 在工业检测中的应用：智能相机已成功应用于工业检测领域，大幅度提高了产品的质量和可靠性，提高了生产的速度。例如，印刷质量的检测、饮料行业的容器质量检测、饮料填充检测、饮料瓶的封口检测、木材厂的木料检测、半导体集成块的封装质量检测、卷钢的质量检测、关键机械零件的工业检测等。
- 在农产品分级中的应用：中国是一个农业大国，农产品十分丰富。利用智能相机，可以对农产品进行自动分级，以便产生更好的经济效益，其意义十分重大。此外，通过智能相机对水果的坏损部分、粮食中的杂质、烟叶/茶叶中存在的异物等进行检测，可提高加工后产品的品质。
- 在机器人导航和视觉伺服系统中的应用：赋予机器人视觉是机器人研究的重要课题之一，其目的是通过图像定位、图像理解，向机器人运动控制系统反馈目标位置、自身的状态等，使其具有在复杂、变化的环境中自适应的能力。例如，机器人在一定范围内抓取和移动工件的过程中，智能相机可利用动态图像识别与跟踪算法，跟踪被移动的工件。
- 在医学中的应用：在医学领域，智能相机可以辅助医生进行医学影像的分析。可以利用数字图像处理技术、信息融合技术，对 X 射线透视图、核磁共振图像、CT 图像进行适当叠加，以及综合分析；还可以对其他类型的医学影像数据进行处理和分析，例如，利用数字图像的边缘检测与图像分割技术，自动完成细胞图像中细胞个数的统计。

硬件选型

学习重点
- 采集图像
- 收集需求
- 选择相机
- 选择镜头
- 选择光源

现代工业的自动化生产涉及各种各样的检验、生产监控及零件识别等应用。例如，零配件批量加工的尺寸检查、自动装配的完整性检查、电子装配线的元件自动定位、芯片上的字符识别等。通常情况下，人眼无法连续、稳定地完成这些带有高度重复性和智能化的工作，其他传感器也难有用武之地。

因此，人们开始考虑利用光电成像系统采集被控目标的图像，并经计算机或专用的图像处理模块进行数字化处理，以及根据图像的像素分布、亮度和颜色等信息，进行尺寸、形状、颜色等判别，从而将计算机的快速性、可重复性，与人眼视觉的高度智能化和抽象能力相结合。

机器视觉系统是一个经过细致工程处理，以便满足一系列明确要求的系统，也就是说，应根据客户要求选择合适的机器视觉系统的硬件。设计机器视觉系统的步骤包括采集图像、收集需求、选择相机、选择镜头、选择光源等。

3.1 采集图像

若要采集到完美的图像，则应注意 6 个方面的信息：系统精度高、清晰成像、避免镜头畸变、保持被测物在成像中的大小一致、保持被测物与其他部分的亮度差异最大化、合适的光源。

1. 系统精度高

保持最佳的视野，让被测物尽可能充满整个视野。不同的视野，如图 3-1 所示：若相机的分辨率相同，则视野越小，系统精度越高；若视野相同，则相机的分辨率越高，系统的精度越高。

（a）不合适的视野　　　　　　　　　　（b）合适的视野

图 3-1

2. 清晰成像

清晰成像表示被测物清晰地处于相机的焦距内，如图 3-2 所示。

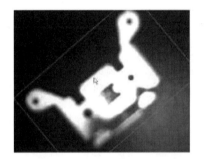
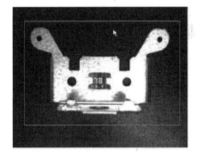

（a）原图　　　　　　　　　　　　　（b）调焦后的图像

图 3-2

当被测物不处于同一焦平面时，需要考虑镜头的景深。缩小光圈可以加大景深，但同时要保证正确曝光的光强。每一款镜头都有相对固定的光圈、最短焦距、景深等。

3. 避免镜头畸变

在定位和高精度的测量中，因镜头畸变所产生的影响极大。所以，在安装环境允许的最大距离内，应考虑使用高精度的远心镜头。

正常图像和畸变图像的对比如图 3-3 所示。

（a）正常图像　　　　　　　　　　　（b）畸变图像

图 3-3

4. 保持被测物在成像中的大小一致

在定位和识别系统中，应控制被测物的目标位置和拍摄角度，以及保持被测物在成像中的大小一致。正常成像如图 3-4 所示。

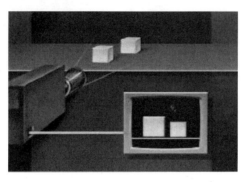

图 3-4

5. 保持被测物与其他部分的亮度差异最大化

在拍摄目标时，应选择合适的光源，尽可能地将被测物与其他部分的亮度差异最大化。因为对于视觉系统而言，黑白分明的图像才是最佳图像。被测物和黑白图像的对比如图 3-5 所示。

（a）被测物　　　　　　　　　　　　　　　（b）黑白图像

图 3-5

6. 合适的光源

选择合适的光源可以避免环境光的影响，并降低外界因素对图像成像的精度干扰。

- 避免阴影：如果被测物处于阴影之下，则图像将不能提供足够大的反差，这将导致机器视觉系统的检测精度降低。
- 避免过亮：如果光源过亮，则光线会反射进入暗部区域，造成暗部区域内的细节丢失。
- 避免光线变化：如果光源的照明系统发生明暗变化，则会影响图像成像的稳定性，导致图像成像的效果不佳。
- 避免外界因素：时刻注意机器视觉系统的周围环境，避免外界因素的干扰。例如，现场的照明系统、室外的阳光等环境光造成的干扰。

3.2　收集需求

在选择相机、镜头、光源之前，应收集客户需求，如表 3-1 所示。

表 3-1

序号	问题	说明
1	检测什么	被测物是什么，以及被测物是什么形状
2	检测指标	具体检测哪些指标，例如，状态、尺寸、位置、有无毛刺、颜色等
3	大小	被测物的具体尺寸
4	工作距离	相机与被测物的距离，以及是否可以自由调节
5	分辨率	尺寸检测的精度要求
6	检测速度	是否为全自动或手动操作，以及每分钟的测量次数
7	安装空间	在被测物的周围是否留有安装光源的位置、安装相机的位置，以及如何固定光源和相机
8	颜色	被测物的颜色，是否需要通过识别颜色及色差来实现检测目的
9	材质	被测物的材质，以及表面的光学性质
10	合格的标准	如何判定为合格或不合格
11	工位触发信号	是否存在工位触发信号
12	剔除方式	是否需要自动剔除不合格品，以及如何剔除不合格品、使用何种信号格式、在什么位置进行剔除等
13	工作环境	工作环境包括温度、湿度、粉尘、杂射光等情况

3.3　选择相机

相机选择的基本流程如图 3-6 所示。

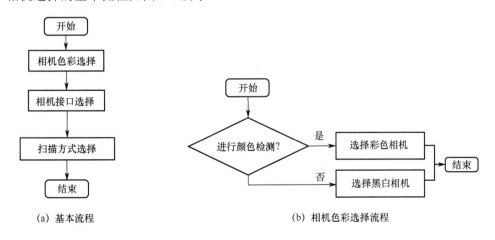

（a）基本流程　　　　　　　　　　（b）相机色彩选择流程

图 3-6

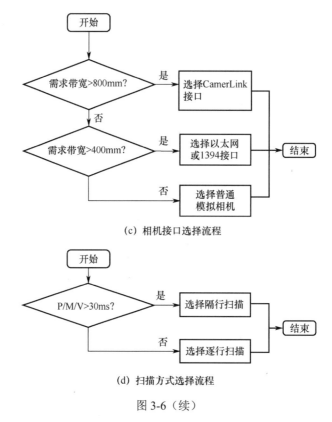

图 3-6（续）

在选择相机的过程中涉及多个指标，常用的指标如下。

1. 分辨率

在选择相机时，分辨率极为重要。通过计算分辨率，可获得有效的检测精度。相机所涉及的分辨率包括图像分辨率、空间分辨率、特征分辨率、测量分辨率和像素分辨率等 5 个概念。

（1）图像分辨率（R_i）

图像分辨率表示图像行和列的数目，由相机和图像采集卡决定。一般情况下，灰度面阵相机的图像分辨率有 640×480、1280×960、2560×1920；线阵相机的图像分辨率特指图像行的数目，常见的有 1024、2048、4096、8000。

图像分辨率的一般选择原则：选择相机的图像分辨率和图像采集卡的图像分辨率中的较低者。

（2）空间分辨率（R_s）

空间分辨率是从像素中心映射到场景的间距，如 0.1cm/pix。对于给定的图像分辨率，空间分辨率取决于视场尺寸、镜头放大倍率等因素。

（3）特征分辨率（R_f）

特征分辨率是能被视觉系统可靠采集到的物体的最小特征尺寸，如 0.05mm。相机和图像采集卡不服从香农定律，即每个特征点至少需要利用 2pix 进行描述。在实际应用中，可采用 3～4pix 来描述最小特征点，同时要求具有较好的对比度和较低的噪声。如果对比度差、噪声高，则需要利用更多的像素来描述特征。当某个特征在图像中既表现为 3pix，又表现为 4pix 时，就会导致系统很难识别。

（4）测量分辨率（R_m）

测量分辨率是可以被检测到的被测物的尺寸或位置的最小变化，如 0.01mm。当原始数据为像素时，可用数据拟合技术将图像和模型（如直线）进行拟合。从理论上讲，测量分辨率可达到 1/1000pix，但在实际应用中，一般只能达到 1/10pix。

测量分辨率一般取决于拟合算法、每个像素位置的测量误差、用来拟合模型的像素个数等因素。测量误差通常来自偶然误差和系统误差：

- 偶然误差是不可预测、不可修正的，可影响测量的准确性和可重复性。
- 系统误差不影响测量的可重复性，可通过校正操作进行修正。

通常情况下，测量要求的准确度是允许误差的 10 倍；测量分辨率是准确度的 10 倍。这就意味着，测量分辨率是允许误差的 100 倍。但在实际应用中，测量分辨率仅是允许误差的 20 倍。

（5）像素分辨率（M_p）

像素分辨率是像素的灰度或彩色等级，由图像采集卡或相机的数/模转换得到。通常情况下，在单色视觉系统中，每个像素用 8 位表示，即 256 级灰度，也可用 10 位或 12 位表示，可满足高端图像分析的要求（如生物医学分析）；在彩色视觉系统中，RGB 的每个原色用 8 位表示，一共可表示 16 777 216 种颜色。

【例 1】在标准尺寸为 40mm×30mm 的零件上有一个直径为 0.5mm 的孔。假设特征分辨率 R_f 为 0.5mm，最小特征的像素数 F_p 为 4pix，对比度和图像噪声均为理想状态，求最小图像分辨率（视场大小为 4cm×3cm）。

【提示】图像分辨率、测量分辨率、特征分辨率的计算公式如下：

$$R_i = \text{FOV}/R_s \tag{3-1}$$

$$R_m = R_s \times M_p \tag{3-2}$$

$$R_f = R_s \times F_p \tag{3-3}$$

【解析】

$$R_s = R_f / F_p = 0.5/4 = 0.125\text{mm/pix}$$

$$R_i(\text{水平}) = \text{FOV}(\text{水平})/R_s = 40/0.125 = 320\text{pix}$$

$$R_i(\text{垂直}) = \text{FOV}(\text{垂直})/R_s = 30/0.125 = 240\text{pix}$$

因此，得到的最小图像分辨率为 320×240。

2. 相机的帧率和曝光模式

如果想要拍摄运动的物体，则可选择全局曝光模式的相机。可根据运动速度选择相机的帧率。相机的帧率就是相机的刷新频率，即每秒拍摄多少次。

3. 检测精度、视野范围

可根据检测精度、需要拍摄的视野范围选择合适的相机分辨率，进而选择合适的相机。检测精度的计算公式为

$$检测精度=需要拍摄的视野范围的长度（宽度）/相机的长度分辨率（宽度分辨率） \tag{3-4}$$
$$=需要拍摄的视野范围的宽度/相机的宽度分辨率$$

4. 被测物的复杂度

可根据被测物的复杂度，选择合适的相机。如果被测物为非常精密、微小、模糊、不易被拍摄清楚的物体，例如，被测物为有缺陷的焊点，则选择 CCD 相机要比选择 CMOS 相机更加合适（CCD 相机的成像质量高、稳定性高、清晰度高）。如果没有特殊要求，则一般选择黑白相机。

【例 2】 假设被测物的大小为 115mm×85mm，要求在运动中进行在线检测，检测速度为 120 个/分钟，检测精度为 0.1mm，没有颜色检测要求，通信距离为 12m，请选择合适的相机。

【解析】

- 确定视野大小，因视野大小应比检测对象略大一些，因此，这里选择 120mm×90mm。
- 应根据检测精度选择对应的像素分辨率：1280×1024，即大概可提供 0.09mm 的精度。
- 因需要在运动的过程中检测，所以需要选用全局曝光的相机。
- 因检测速度为 120 个/分钟，所以 2 帧以上的帧率就能满足使用要求。
- 因没有颜色检测要求，所以黑白相机就能满足使用要求。
- 因通信距离为 12m，所以需要选择千兆网的相机才能实现。

由以上分析可知，可按照 130 万像素、像素分辨率为 1280×1024、全局曝光、千兆网的黑白相机、帧率大于 2 帧的技术指标查询相机厂家的样本，并选择合适的相机。

3.4 选择镜头

在对镜头进行选择时，首先需要确定客户的需求，然后按照客户需求进行镜头的选择。在确定客户需求时，应关注以下信息。

- 视野范围：在选择镜头时，应选择比被测物稍微大一些的镜头。
- 景深要求：对景深有要求的项目，应尽可能使用小光圈的镜头。在选择放大倍率的镜头时，在系统允许的情况下，应选择低倍率镜头。如果系统要求比较苛刻，则倾向于选择景深大的尖端镜头。
- 芯片的大小和接口：例如，对于 CCD 芯片的尺寸大于 2/3 inch 的镜头，接口应选择 F 型接口或专用接口，反之则选择 C 型接口。
- 注意与光源的配合：应选择合适的镜头光圈和工作波长。
- 安装空间：应考虑现场的安装空间是否有限，在空间允许的情况下，如果需要满足高精度的测量要求，则尽可能选择景深大的镜头。

综上所述，镜头选择的基本流程如图 3-7 所示。

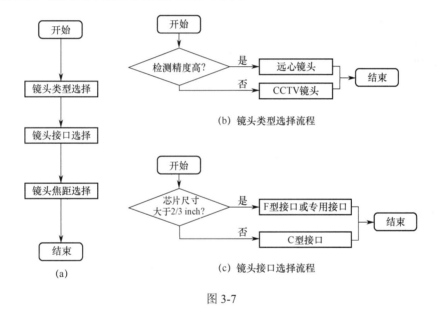

图 3-7

【例 3】假设被测物的尺寸为 100mm×100mm，系统的精度要求为 0.1mm，相机与被测物的距离为 200~400mm，请选择合适的相机和镜头。

【解析】因被测物为 100mm×100mm 的方形物体，而相机靶面通常为 4:3 的矩形，因此，为了将物体全部摄入靶面，应以靶面的短边长度为参考计算视场大小；系统的精度要求为 0.1mm，因此，相机靶面的短边像素数要大于 1000（100/0.1=1000）；相机与被测物的距离为 200~400mm，考虑到镜头本身的尺寸，可以假定物体到镜头的距离为 200~320mm，若取中间值，则系统的物距为 260mm。通过估算像素数，可选择大恒 CCD 相机 SV1410FM，靶面尺寸为 2/3 inch（8.8mm×6.6mm），分辨率为 1280×1040，像元尺寸为 6.5μm，镜头放大倍率为 0.066(6.6/100=0.066)，像素尺寸/放大倍率为 0.098mm（0.00645/0.066≈0.098mm），满足精度要求。根据相似三角形的公式可知，镜头焦距为 17.16mm（260×6.6/100=17.16mm），因此，镜头可选择 M1614-MP。

3.5 选择光源

在选定相机和镜头后，也就确定了视野的大小，此时可对光源进行选择，即根据物体的特征和检测要求，构想期望的照明效果；根据打光的基本原理，设计合适的照射角度、距离和颜色；根据照明的技术要求，选择合适的光源实现照明；准备好实验的物品，对所要实现的照明效果加以验证。

选择光源的原则如下。

- 若光线太暗或太亮，则会影响机器视觉系统。
- 光线的主要功能是产生光学信号。
- 降低噪声是在选择光源时需要解决的主要问题之一。
- 只有从被测物到达镜头的光线才是有效光线。
- 进入镜头但不来自被测物的光线为杂散光，它将降低图像的成像质量。
- 来自被测物的任意光线都应填满镜头。

下面主要介绍环形光源、条形光源、同轴光源、背光源的选择要领。

1. 环形光源的选择要领

- 了解光源的安装距离，过滤掉某些角度的光源。例如，若光源的安装尺寸大，则可过滤掉角度小的环形光源，选用角度大的环形光源；若光源的安装高度高，则可过滤掉直径小的环形光源，选用直径大的环形光源。
- 若被测物的面积小，并且主要特性集中在中间，则可选择小尺寸或小角度的环形光源。
- 若被测物需要表现的特征位于图像边缘，则可选择90°的环形光源，或者大尺寸、大角度的环形光源。
- 若用于检测被测物表面的划伤，则可选择90°的环形光源，并且尽量选择波长短的光源。

2. 条形光源的选择要领

- 条形光源的照射宽度最好大于检测的距离，否则可能会因照射距离远而造成亮度差，或者因照射距离近而造成照射面积不足。
- 只要条形光源的长度能够照亮被测物即可，无须太长（若条形光源的长度太长，不仅会造成安装不便，而且会增加成本）。一般情况下，光源的安装高度会影响条形光源的长度：安装高度越高，则条形光源的长度越长，否则被测物两侧的亮度要比中间暗。
- 如果被测物是高反光物体，则最好加上漫射板；如果被测物是黑色等暗色不反光的物体，则可拆掉漫射板，以提高亮度。

- 在选择条形光源时，不一定非要按照资料上的型号进行选择，因为被测物的形状、大小不一，所以，可按照实际尺寸选择不同的条形光源，或者选择几种条形光源进行组合。在选择组合光源时，一定要考虑光源的安装高度，并根据被测物的长度和宽度选择相应的条形光源进行组合。

3. 同轴光源的选择要领

- 在选择同轴光源时，应选择发光面积为被测物面积 1.5～2 倍的同轴光源。
- 由于同轴光源的光路设计是让光路通过一片 45°的透镜，靠近灯板的光源会比远离灯板的光源的亮度高，因此，应尽量选择发光面积大一些的同轴光源，以避免同轴光源的左右亮度不均匀。
- 在安装同轴光源时，尽量不要离被测物太远或安装位置太高。同轴光源的安装位置越高，要求选用的同轴光源的发光面积越大（才能保证同轴光源的左右亮度均匀）。

4. 背光源的选择要领

- 在选择背光源时，应根据物体的大小选择合适的背光源，以免增加成本、造成浪费。
- 由于背光源的边缘有外壳遮挡，其亮度会低于中间部位，因此，在选择背光源时，尽量不要使被测物位于背光源的边缘。
- 在利用背光源检测轮廓时，尽量选择波长短的背光源（波长短的背光源的衍射性弱，不易在图像边缘产生重影，因此，对比度更高）。
- 可以通过调整背光源与被测物之间的距离，达到最佳的检测效果（并非两者离得越近越好，也并非越远越好）。
- 对于圆轴类、螺旋状的被测物，应尽量使用平行背光源。

习题及实验

❶ 若要采集到完美的图像，应注意哪些方面的信息？

❷ 在选择镜头时，应注意哪些方面的信息？

❸ 假设被测物的尺寸为 120mm×100mm，精度要求为 0.1mm，相机与被测物的距离大约为 300mm，请选择合适的相机和镜头（CCD 芯片的尺寸为 6.4mm×4.8mm）。

❹ 假设视场大小为 40mm×30mm，空间分辨率为 0.025mm/pix，应用图像分辨率为 640×480 的相机，工作距离为 260mm，CCD 芯片的尺寸为 4.84mm×3.6mm，请计算镜头的焦距。

❺ 假设零件的标准尺寸为 40mm×30mm，必须能够测量出±0.05mm 的误差，精度要求为 0.1mm，允许误差与测量分辨率的比值为 20，请计算最小的图像分辨率（视场大小为 40mm×30mm）。

课外小知识：HSV 颜色模型

HSV 颜色模型是由 A. R. Smith 在 1978 年提出的一种颜色空间，也称六角锥体模型。其颜色参数分别为色调、饱和度、明度。

- 色调：色调通过角度进行度量，取值范围为 0°～360°，即从红色开始按逆时针方向计算，红色为 0°、绿色为 120°、蓝色为 240°。它们的补色：黄色为 60°、青色为 180°、品红为 300°。
- 饱和度：饱和度表示一种颜色接近光谱色的程度。可将一种颜色看成是某种光谱色与白色混合的结果：光谱色所占的比例越大，颜色接近光谱色的程度越高，颜色的饱和度也越高。若饱和度高，则颜色深且艳。若在光谱色与白色混合的结果中，白光的成分为 0，则饱和度达到 100%。饱和度的取值范围为 0%～100%。
- 明度：明度表示颜色明亮的程度。对于光源色而言，明度值与发光体的亮度有关；对于物体色而言，明度值与物体的透射比或反射比有关。通常情况下，明度的取值范围为 0%（黑）～100%（白）。

RGB 和 CMY 颜色模型是面向硬件的，而 HSV 颜色模型则是面向用户的。HSV 颜色模型从 RGB 立方体演化而来：从 RGB 立方体对角线的白色顶点向黑色顶点观察，就可以看到立方体的六边形外形。HSV 颜色模型如图 3-8 所示。

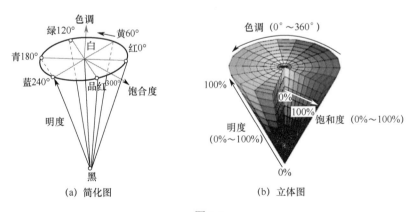

(a) 简化图　　　　　　(b) 立体图

图 3-8

第 4 章

图像处理技术

学习重点

- 图像采集
- 图像预处理
- 边缘检测

在机器视觉系统中，为了消除和抑制图像中的干扰信息、增强有用的信息、便于检测和简化数据的处理、提高测量精度和可靠性，需要对获取的原始图像进行一系列的运算和处理，这一过程被称为图像处理。图像处理技术是机器视觉技术的基础，包括图像采集、图像预处理、边缘检测等方法。

4.1 图像采集

图像采集分为三种类型：从文件中采集、从目录中采集、从相机中采集，如图 4-1 所示。

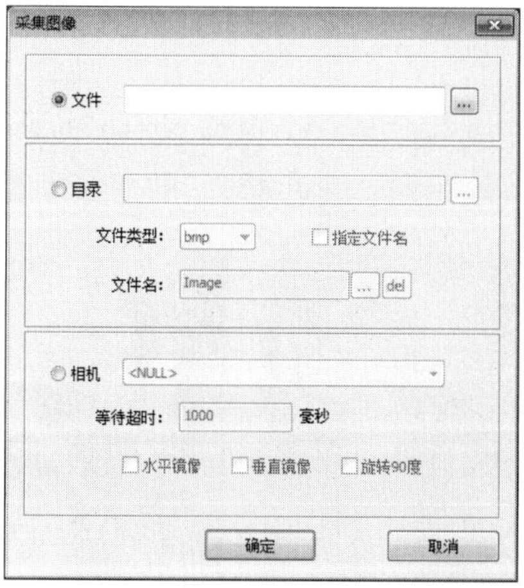

图 4-1

- 从文件中采集：每次只能采集指定的图像，图像格式为 BMP 或 JPG。
- 从目录中采集：可以循环采集整个目录下的所有图像，图像的格式为 BMP 或 JPG。

- 从相机中采集：可以实时采集图像，但需要事先连接好相机，设置增益、色彩、帧率、曝光时间及触发方式。支持的相机有 JAI、AVT、Basler、索尼、海康等。

对图 4-1 中其他选项的说明如下。

- "指定文件名"复选框：在勾选该复选框时，仅能读取目录下指定名称的图像。
- "文件名"文本框：用于设置需要读取的图像名称（可以使用链接）。
- "相机"下拉列表：用于从下拉列表中选择使用的相机，并从相机中采集图像。
- "等待超时"文本框：用于设置采集一帧图像允许的最长时间，若超过设置的时间，则直接判定采集失败。
- "水平镜像"复选框：对采集的图像进行水平镜像处理。
- "垂直镜像"复选框：对采集的图像进行垂直镜像处理。
- "旋转 90 度"复选框：对采集的图像进行旋转 90°处理。

4.2 图像预处理

一般情况下，成像系统获取的图像，即原始图像，由于受到种种条件限制和随机干扰，往往不能在机器视觉系统中直接使用，因此需要在初级阶段对原始图像进行灰度校正、噪声过滤等图像预处理操作。对机器视觉系统而言，所用的图像预处理方法并不考虑图像是否降质，只将图像中感兴趣的特征有选择性地突出，减少不需要的特征，预处理后的输出图像并不需要去逼近原图像。因此，预处理的目的是改善图像数据、抑制不需要的变形、增强对于后续处理过程中重要的图像特征。

下面将要重点介绍的预处理方法包括二值化处理、灰度处理、图像增强、图像滤波、图像锐化、图形腐蚀及膨胀等。

4.2.1 二值化处理

根据某个阈值，将图像变成只有黑（0）和白（255）两种像素的二值化图像。这一方法称为二值化处理或图像分割。原图和二值化处理后的图像对比如图 4-2 所示。

（a）原图　　　　　　　（b）二值化处理后的图像

图 4-2

二值化处理就是将整个图像呈现出明显的黑白效果，即将 256 个亮度等级的灰度图像通过适当的阈值选取，获得可以反映图像整体和局部特征的二值化图像。在数字图像的处理过程中，二值化图像占有非常重要的地位：将灰度图像二值化，使得在对图像做进一步处理时，操作更简单，数据的压缩量更小。

为了得到理想的二值化图像，一般采用封闭、连通的边界定义不重叠的区域。所有灰度值大于或等于阈值的像素被判定为特定物体，二值化处理后的图像灰度值为 255；否则这些像素被排除在特定物体以外，二值化处理后的图像灰度值为 0，表示其为背景或其他的物体区域，即

$$f(x) = \begin{cases} 0(黑) & x < T \\ 255(白) & x \geqslant T \end{cases} \tag{4-1}$$

式中，x 表示灰度值；T 代表阈值；$f(x)$ 为二值化处理后的图像灰度值。

对灰度图像或以灰度模式显示的彩色图像进行二值化处理时，可人工设定阈值，也可以由系统自动求出阈值，从而将图像二值化。比较常用的计算阈值的方法包括双峰法、P 参数法、迭代法和 OTSU 法等。

1. 双峰法

双峰法的基本思想是认为图像由前景和背景组成，在灰度直方图上，前景和后景形成高峰，在双峰之间的最低谷就是图像的阈值所在。

2. P 参数法

当不同区域之间的灰度有一定重叠时，双峰法的效果就很差了。如果预先知道每个目标占整个图像的比例 P，就可以采用 P 参数法进行二值化处理。

假设整个直方图中目标区域所占比例为 P_1，利用 P 参数法计算阈值的步骤如下。

❶ 计算图像的直方图分布 $P(t)$，其中，$t = 0, 1, 2, 3, \cdots, 255$。

❷ 从最低的灰度值开始，计算图像的累积分布直方图：

$$P_1(t) = \sum_{i=0}^{t} p(i) \qquad t = 0, 1, 2, 3, \cdots, 255 \tag{4-2}$$

❸ 计算阈值 T：

$$T = \arg \mathrm{Min} \left| P_1(t) - P_1 \right| \qquad t = 0, 1, 2, 3, \cdots, 255 \tag{4-3}$$

由上述计算公式可知，阈值就是与 P_1 最为接近的累积分布直方图对应的灰度值。

3. 迭代法

利用迭代法计算阈值的算法基于逼近的思想：首先，选择一个近似的阈值作为估计值的初始值，通过分割产生多个子图像；然后，根据子图像的特性选择新的阈值，并且不断利用新的阈值分割图像；最后，经过多次循环，使得被错误分割的图像像素最少。利用迭代法计算阈值的步骤如下。

❶ 求出图像的最大灰度值和最小灰度值：Z_{max} 和 Z_{min}，令初始阈值 T_i 为（$i=0,1,2,3\cdots$）

$$T_i = \frac{(Z_{max} + Z_{min})}{2} \tag{4-4}$$

❷ 根据阈值 T_i 将图像分割为前景和后景，分别求出两者的平均灰度值 Z_0 和 Z_1。

❸ 根据平均灰度值 Z_0 和 Z_1 求出新阈值 T_{i+1}：

$$T_{i+1} = \frac{(Z_0 + Z_1)}{2} \tag{4-5}$$

❹ 若 $T_i = T_{i+1}$，则所得即为阈值，否则 $i = i + 1$，继续执行❷，进行迭代计算。

利用迭代法计算阈值的执行步骤如图 4-3 所示。

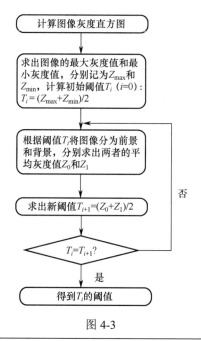

图 4-3

> **注意**：迭代法的思路就是在不断的迭代中寻找最优的阈值。由于在求得对每幅图像固定的阈值后，迭代过程不会发生变化，所以在迭代的最后必定存在这个阈值。

4. OTSU 法

OTSU 法是在 1979 年提出的最大类间方差法。该方法的基本思想：通过设置阈值将图像分割成两组：一组的灰度值与目标对应；另一组的灰度值与背景对应。这两组灰度值的类内方差最小、类间方差最大。

假设 t 为将图像分割成两组的阈值，目标像素数占图像总像素数的比例为 W_0，平均灰度值为 U_0；背景像素数占图像总像素数的比例为 W_1，平均灰度值为 U_1。图像的总平均灰度值为

$$U = W_0 U_0 + W_1 U_1 \tag{4-6}$$

从最小灰度值到最大灰度值遍历 t，当 t 使得 g 最大时，t 即为分割的最佳阈值，其中，g 为

$$g = W_0 (U_0 - U)^2 + W_1 (U_1 - U)^2 \tag{4-7}$$

可对上式进行如下理解：g 表示类间方差，由阈值 t 分割出的目标部分和背景部分构成了完整的图像。因为方差是灰度分布是否均匀的一种度量指标，方差越大说明构成图像的两部分的差别越大。当部分目标像素被错分至背景部分，或者部分背景像素被错分至目标部分时，都会导致两部分的方差变小，因此，若能令类间方差最大，则意味着像素被错分的概率最小。

4.2.2　灰度处理

将彩色图像转换成灰度图像的过程称为图像的灰度处理。在彩色图像中，每个像素的颜色均由 R、G、B 三个分量决定，而每个分量可取 255 个值，因此，一个像素可以有 1600 多万（$255 \times 255 \times 255$）种颜色的变化。

灰度图像是 R、G、B 三个分量均相同的特殊图像。在灰度图像中，一个像素有 255 种变化，所以，在数字图像的处理过程中，一般先将各种格式的图像转换成灰度图像，以便减小后续的图像计算量。常用的灰度处理方法有分量法、最大值法、平均值法、加权平均法。

- 分量法：分量法是一种比较简单的图像灰度化方法。在彩色空间中，每个像素都有 3 个不同的分量。分量法的原理是选取任意一个值（R_i、G_i 或 B_i）为该点的灰度值，并代替每个像素的三个分量。
- 最大值法：对于每个像素，选取 $\mathrm{Max}(R_i, G_i, B_i)$ 为该点的灰度值，并将其设置为每个像素的三个分量，从而达到图像灰度化的目的。这种方法没有复杂的运算过程，可以在较短的时间内得到彩色图像的灰度化图像。
- 平均值法：由于彩色图像的每个像素同时拥有几个不同的分量，因此，平均值法的原理是求出每个像素的 R_i、G_i、B_i 的平均值，并将这个平均值赋给每个像素的三个分量。
- 加权平均法：根据三个分量的重要性和其他指标，对三个分量分配不同的权值、计算加权结果，并将加权结果赋给每个像素的三个分量。加权结果的计算公式为

$$Y = 0.299R_i + 0.587G_i + 0.114B_i \tag{4-8}$$

4.2.3　图像增强

图像在传送和转换的过程中，由于噪声、衰减等原因，会造成不同程度的图像质量下降。另外，图像失真、相机的相对运动等都会造成图像模糊。因此，应通过一定的手段对原图像附加一些信息或变换数据，有选择性地突出图像中感兴趣的特征或抑制（掩盖）图像中某些不需要的特征，使图像与视觉响应特性相匹配。

> 注意：图像校正是对失真图像进行的复原性处理。引起图像失真的原因有：由于成像系统的像差、畸变、带宽有限等造成的图像失真；由于成像器件的拍摄姿态不佳等引起的图像失真；由于运动模糊、辐射失真、引入噪声等造成的图像失真。图像校正的基本思路：根据图像失真的原因，建立相应的数学模型，从被污染或畸变的图像信号中提取所需信息，沿着使图像失真的逆过程恢复图像的本来面貌。实际的复原过程是设计一个滤波器，使其能从失真图像中计算得到真实图像的估值，根据预先规定的误差准则，最大程度地接近真实图像。

常用的提高图像质量的方法有两类：

- 第一类方法是不考虑图像的降质：可以提高图像的可读性、突出目标的轮廓、衰减各类噪声，这类方法被称为图像增强技术。
- 第二类方法是考虑图像的降质：可以提高图像质量的逼真度，这类方法被称为图像还原技术。

下面简单介绍一下图像增强技术。常用的图像增强技术有两类：空间域法和频率域法。

1. 空间域法

空间域法是直接对图像的像素进行处理，可用如下公式进行描述：

$$g(x, y)=f(x, y) * h(x, y) \tag{4-9}$$

式中，$f(x, y)$ 是原图像；$h(x, y)$ 为空间转换函数；$g(x, y)$ 表示进行处理后的图像。

2. 频率域法

频率域法是利用某种变换将原来在空间域中的图像转化为频率域中的图像，并通过对频率域中频谱图像的处理及逆变换，将频率域处理后的图像转化到空间域中，从而满足图像的特定应用。

4.2.4 图像滤波

由于成像系统、传输介质和记录设备等的不完善，数字图像在其形成、传输、记录的过程中往往会受到多种噪声的污染。另外，在图像处理的某些环节，输入的对象也会在图像中引入噪声。这些噪声在图像中常常表现为一个能引起较强视觉效果的孤立像素或像素块。一般情况下，噪声信号与要研究的对象并不相关，它以无用的信息形式出现，扰乱了图像的可观测信息。对于数字图像信号，噪声表现为或大或小的极值，这些极值作用于图像像素的真实灰度值上，从而对图像造成亮、暗点干扰，极大降低了图像质量，影响了图像复原、分割、特征提取、图像识别等后续工作。若要构造一种能够有效抑制噪声的滤波器，则必须考虑两个目标：能够有效去除目标和背景中的噪声；能够很好地保护目标图像的形状、大小，以及特定的几何特征和拓扑结构特征。

图像滤波的目的是在尽量保留图像细节特征的条件下，对目标图像的噪声进行抑制。图像滤波是图像预处理中不可缺少的操作，其处理效果的好坏将直接影响到后续图像处理、分析的有效性和可靠性。常用的图像滤波方法有中值滤波、非线性均值滤波等。

1. 中值滤波

中值滤波是一种非线性平滑技术，它将每个像素的灰度值设置为该点邻域内的所有像素灰度值的中值。中值不受个别噪声、毛刺的影响，能够较好地消除噪声。由于中值滤波对模糊边缘不明显，因此可以迭代使用。利用中值滤波处理图像前后的效果对比如图 4-4 所示。

（a）利用中值滤波处理前　　　　　（b）利用中值滤波处理后

图 4-4

2. 非线性均值滤波

非线性均值滤波的定义为

$$f(m,n) = u^{-1}\left(\frac{\sum(i,j) \in \beta^{a(i,j)}u[g(i,j)]}{\sum(i,j) \in \beta^{a(i,j)}}\right) \tag{4-10}$$

式中，i 表示输入图像在水平方向的像素；j 表示输入图像在垂直方向的像素；$f(m,n)$ 为滤波结果；$g(i,j)$ 为输入图像的像素；β 为当前像素(m,n)的一个局部邻域；u^{-1} 为单变量函数的逆函数；$a(i,j)$ 为加权系数，如果 $a(i,j)$ 为常数，则此滤波器被称为同态中值滤波器。

在图像处理中，常见的同态中值滤波器有：

- 算术均值：$u(g)=g$。
- 调和均值：$u(g)=1/g$。
- 几何均值：$u(g)=\log g$。

4.2.5　图像锐化

图像锐化用于补偿图像的轮廓、增强图像的边缘及灰度跳变的部分，使得图像变得清晰。图像锐化前后的效果对比如图 4-5 所示。

（a）图像锐化前　　　　　　（b）图像锐化后

图 4-5

图像锐化的目的是突出图像的地物边缘、轮廓，或某些线性目标的要素特征。图像锐化分为空间域处理和频率域处理两类，因其可提高地物边缘与周围像元之间的反差，所以也被称为边缘增强。

4.2.6　图形腐蚀及膨胀

腐蚀及膨胀操作是形态学处理的基础（许多形态学的算法都以这两种运算为基础）。

- 腐蚀的作用是消除物体的边界点，使目标缩小，即消除小于结构元素的噪声点。腐蚀前后的效果对比如图 4-6（a）和图 4-6（b）所示。
- 膨胀的作用是将与物体接触的所有背景点合并到物体中，使目标增大，可填补目标的空洞。膨胀前后的效果对比如图 4-7（a）和图 4-7（b）所示。

开运算是先腐蚀、后膨胀的过程，可以消除图像上细小的噪声，并使物体边缘平滑；闭运算是先膨胀、后腐蚀的过程，可以填充物体中的细小空洞，并使物体边缘平滑。

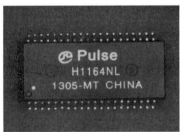

(a) 腐蚀前　　　　　　　　　　　　　(b) 腐蚀后

图 4-6

(a) 膨胀前　　　　　　　　　　　　　(b) 膨胀后

图 4-7

4.3　边缘检测

图像边缘是极为重要的信息载体，它包含对人类视觉和机器识别有价值的边缘信息。图像边缘是图像中灰度有阶跃型或屋顶型变化的像素集合，也就是信号发生突变的奇异点。例如，灰度的突变、纹理结构的突变、颜色的突变等。边缘是图像局部变化的重要特征，以连续不断的形式出现，通常用方向和幅度描绘图像的边缘特性。一般而言，平行于边缘走向的像素变换平缓，而垂直于边缘走向的像素变化剧烈。

边缘分为两类：阶跃型边缘、屋顶型边缘，如图 4-8 所示。

- 阶跃型边缘：两边的灰度值有着显著的不同。对于阶跃型边缘，一阶方向导数在边缘处取极值，二阶方向导数在边缘处呈零交叉,通过检测二阶导数的零点就可以确定边缘位置。

- 屋顶型边缘：具有灰度值从增大到减小的变化转折点。对于屋顶型边缘，一阶方向导数在边缘处呈零交叉，二阶方向导数在边缘处取极值，通过检测二阶导数的极值就可以确定边缘位置。

（a）阶跃型边缘　　　　　　　（b）屋顶型边缘

图 4-8

习题及实验

❶ 图像预处理包含哪些方法？

❷ 什么是二值化处理？有哪些常用的二值化处理方法？

❸ 什么是灰度处理？有哪些常用的灰度处理方法？

❹ 简述边缘检测的种类及原理。

课外小知识：Canny 边缘检测算法

Canny 边缘检测算法是一种多级检测算法，由 John F.Canny 于 1986 年提出。与此同时，John F.Canny 还提出了边缘检测的三大准则：

- 低错误率的边缘检测：检测算法应该能够精确地找到图像中尽可能多的边缘，尽可能地减少漏检和误检。

- 最优定位：检测的边缘点应该能够精确地定位边缘的中心。

- 图像中的任意边缘应该只被标记一次，同时图像噪声不应产生伪边缘。

Canny 边缘检测算法自被提出以后，出现了各种基于 Canny 边缘检测算法的改进算法。时至今日，Canny 边缘检测算法及其改进算法仍然是一种优秀的边缘检测算法，除非前提条件很适合，否则很难找到一种能够显著地比 Canny 边缘检测算法做得更好的边缘检测算法。

下面主要介绍一下 Canny 边缘检测算法的实现步骤。

1. 高斯模糊

这一步很简单，主要作用是去除噪声。因为噪声集中于高频信号中，很容易被识别为伪边缘。应用高斯模糊去除噪声时，可降低伪边缘的识别率。但是，由于图像边缘信息也是高频信号，因此，在进行高斯模糊的过程中，半径的选择非常重要，过大的半径容易令一些弱边缘检测不到。高斯模糊的处理效果如图 4-9 所示。

（a）原图　　　　　　　　（b）高斯模糊，半径为 2

图 4-9

2. 计算梯度值和方向

在图像的边缘可以指向不同方向，因此，在 Canny 边缘检测算法中使用 4 个梯度算法，分别计算水平、垂直和两个对角线方向的梯度。但是，通常情况下，仅用边缘差分算法（如 Rober、Prewitt、Sobel）计算水平、垂直方向的差分 Gx 和 Gy，并按照如下公式计算梯度值和梯度角度：

$$G = \sqrt{Gx^2 + Gy^2}$$
$$\theta = \operatorname{atan}2\left(Gy, Gx\right) \tag{4-11}$$

式中，梯度角度 θ 的范围为 $-180° \sim 180°$，可将它近似到 4 个方向，分别代表水平、垂直和两个对角线的方向（$0°$，$45°$，$90°$，$135°$）。

若选择 Sobel 边缘差分算法计算水平、垂直方向的差分 Gx 和 Gy，则 Gx 和 Gy 为

$$Gx = \begin{bmatrix} -1 & 0 & +1 \\ -2 & 0 & +2 \\ -1 & 0 & +1 \end{bmatrix} * A \qquad Gy = \begin{bmatrix} +1 & +2 & +1 \\ 0 & 0 & 0 \\ -1 & -2 & -1 \end{bmatrix} * A \tag{4-12}$$

式中，A 表示原始图像。

3. 非最大值抑制

非最大值抑制是一种边缘细化方法。通常情况下，得出的梯度边缘具有多个像素宽。非最大值抑制能帮助保留局部最大梯度值，抑制所有其他的梯度值。这就意味着其只保留在梯度变化中最锐利的部分。非最大值抑制的操作步骤如下。

❶ 比较当前像素的梯度值和同方向的其他像素的梯度值。

❷ 如果当前像素的梯度值和同方向的其他像素的梯度值相比是最大的，则保留当前像

素的梯度值，否则进行抑制，即将其设为 0。例如，当前像素的方向指向正上方 90°，那么它需要和垂直方向、正上方和正下方像素的梯度值进行比较。

> 注意：方向的正负是不起作用的，例如，东南方向和西北方向是一样的，都被认为是对角线的一个方向。在计算梯度值和方向时，已把梯度方向近似到水平、垂直和两个对角线共 4 个方向，所以每个像素应根据自身的方向与这 4 个方向之一进行比较，并决定是否保留当前像素的梯度值。

4. 双阈值

Canny 边缘检测算法应用双阈值，即一个高阈值和一个低阈值来区分边缘像素：如果边缘像素的梯度值大于高阈值，则被标记为强边缘点；如果边缘像素的梯度值小于高阈值，并大于低阈值，则被标记为弱边缘点；如果边缘像素的梯度值小于低阈值，则将其抑制掉。

利用 Canny 边缘检测算法进行梯度检测的效果对比（原图和二值化图）如图 4-10 所示。其中，高斯半径为 2、高阈值为 100、低阈值为 50。

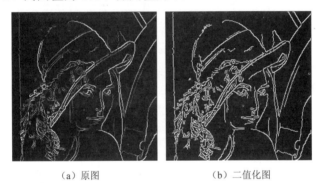

（a）原图　　　　　　　　　（b）二值化图

图 4-10

利用 Sobel 边缘差分算法进行梯度检测的效果对比（原图和二值化图）如图 4-11 所示。其中，高斯半径为 2、高阈值为 100、低阈值为 50。

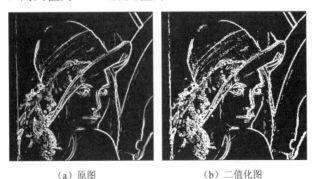

（a）原图　　　　　　　　　（b）二值化图

图 4-11

从以上图片可以看出，Canny 边缘检测算法的检测效果显著，大大抑制了由噪声引起的伪边缘，而且进行了边缘细化，易于进行后续处理。对于对比度较低的图像，通过调节参数，Canny 边缘检测算法也能起到很好的效果。

第 5 章

缺陷检测技术

在现代工业生产中，许多新兴行业对检测提出了更高的要求，涉及各种各样的工件检查、测量和分类等应用。例如，检查工件表面是否有划痕、产品包装和印刷是否有缺陷、字符印刷是否完整、电路板焊点是否完善、啤酒瓶盖是否安装正确等。在这些应用中，由于人们在长时间工作后容易产生疲劳，对于细微的缺陷难以辨别，因此，采用传统的人工检测方法难以满足人们对产品高质量的要求。机器视觉的在线高速检测功能，可以保证产品检测的一致性、高效性、稳定性，对于数据的抓取和分析更加方便，可在危险、恶劣的环境下工作。

产品的缺陷检测技术分为三种：第一种是利用传统的人工进行检测，效率和精度都较低；第二种是利用机械仪器进行检测，虽然能满足生产要求，但存在检测设备造价高、灵活性差、响应速度慢等缺点；第三种是利用机器视觉进行缺陷检测。

本章主要介绍利用机器视觉进行缺陷检测的两个主要应用：划痕检测、焊点检测。

5.1 划痕检测

划痕检测是工业生产中经常遇到的问题。在工业生产中，许多设备的零部件都是在高温、高压的环境下工作的，所受载荷复杂，使用环境恶劣，故障率高。因此，对相关零部件的划痕、裂纹进行视觉检测就显得尤为重要。

工业产品千差万别，采取的划痕检测方法和要求也多种多样。利用机器视觉进行划痕检测的基本过程分为两个步骤：

❶ 检测产品表面是否有划痕。

❷ 在确定被分析图像上存在划痕之后，对划痕进行提取。

尽管工业生产中的图像具有多样性，但是对于每种图像，都要经过综合分析，以便达到预期效果。

一般来说，工业生产中的图像大多具有光滑表面，整幅图像的灰度变化均匀，缺乏纹理特征，因此，划痕部分和周围的正常部分相比要暗一些，也就是说，划痕部分的灰度值偏小。在这种情况下进行划痕检测时，一般使用基于统计的灰度特征或阈值分割法将划痕部分标记出来。

但是，有些图像的灰度值变化较小，对比度并不明显，划痕部分和正常部分相比，缺乏明显的特征，也就是说，尽管划痕部分的灰度值偏低，但有些正常部分的灰度值仍低于划痕部分的灰度值，或者在同一张图像中，同一划痕的不同部分的灰度值相差很大，甚至有些划痕的灰度值和正常部分的灰度值相差无几，这就给准确标记划痕带来了极大困难。因此，不能采用固定的阈值分割法将划痕部分标记出来。在处理这种划痕图像的过程中，需要采用阈值和形状特征相结合的方法对划痕部分进行标记。

产品表面的划痕包括以下三类。

1. 第一类划痕

第一类划痕如图 5-1 所示，从外观上较易辨认（划痕的灰度值与正常部分相比较为明显）。此时，可以选择较小的阈值将划痕部分标记出来。

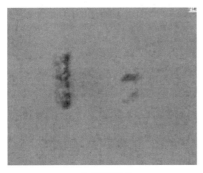 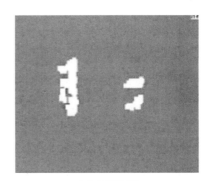

（a）显示划痕　　　　　　　　　　　　　（b）标记划痕

图 5-1

2. 第二类划痕

第二类划痕如图 5-2 所示，整幅图像的灰度变化均匀，但部分划痕的灰度值变化并不明显，划痕面积较小，有几个像素的灰度值仅比正常图像的灰度值偏低一点点，很难分辨。此时，可以对原图像进行均值滤波，得到较平滑的图像，并与原图相减，当其差的绝对值大于阈值时，就将其置为目标图像，并对所有的目标图像进行标记、计算面积，将面积过小的目标图像去掉，剩下的目标图像即可标记为划痕。

3. 第三类划痕

第三类划痕如图 5-3 所示，各部分的灰度差异较大，形状通常为长条形。如果在一幅图像中采取固定的阈值对划痕进行分割，则标记的划痕部分会小于实际的划痕部分。由于这类图像的划痕狭长，单纯依靠灰度检测会将划痕的延伸部分漏掉，因此，可根据其特点采用阈值和形状特征相结合的方法对划痕部分进行标记。

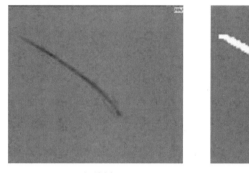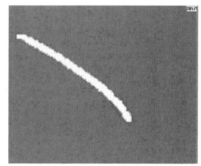

（a）显示划痕　　　　　　　　　　　（b）标记划痕

图 5-2

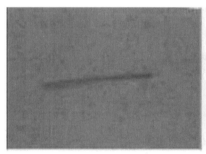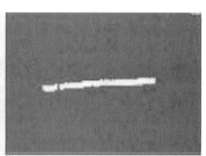

（a）显示划痕　　　　　　　　　　　（b）标记划痕

图 5-3

5.2　焊点检测

　　目前，焊接行业是工业制造的核心行业，也是大型安装工程的一项关键工作。其进度将直接影响工程的工期；其质量将直接影响工程的安全性和使用寿命；其效率将直接影响工程的建造周期和建造成本。因此，随着工业的快速发展，对焊接行业提出了更高的要求。

1. 焊点的缺陷

　　基于印刷电路板（PCB）的电子产品已成为当今电子行业的重要组成部分。随着现代工业的快速发展，电子产品向着更薄、更轻的方向发展，这就决定了 PCB 向着密度更高、精度更高、层数更多的方向发展。通过使用 PCB，电子产品在可靠性、生产效率上有了极大提升，成本也得到了显著下降。

　　在焊接过程中，可能由于某些原因导致 PCB 焊点（以下简称焊点）出现缺陷。若将这些电路板应用到电子产品中，则可能导致后期电子产品出现各种问题，从而造成重大损失，甚至造成整个电子产品的报废。焊点缺陷的类型如图 5-4 所示。

　　为了确保将高质量的 PCB 转换为高质量、高可靠性的电子产品，实现关于 PCB 焊接的零缺陷，焊点的质量监测就变得尤为重要。

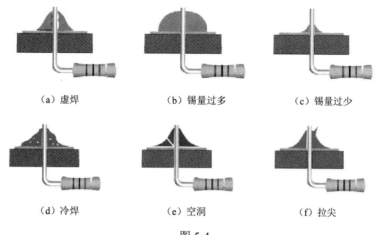

（a）虚焊　　　　　　　（b）锡量过多　　　　　　（c）锡量过少

（d）冷焊　　　　　　　（e）空洞　　　　　　　　（f）拉尖

图 5-4

最初焊点的缺陷检测主要借助人工检测方式实现。这种检测方式不仅需要耗费较高的人力成本，而且很容易出错。随着 PCB 的不断发展，人工检测方式已不再适合进行 PCB 的检测，因此，有必要寻找一种全新的、有效的方法，即利用机器视觉系统，使得检测工作更加规范与智能。对焊点缺陷类型的特征说明如表 5-1 所示。

表 5-1

焊点缺陷类型	特征
合格	焊点呈圆锥状，底部焊锡饱满，上部焊锡紧紧地包裹引脚，与相邻的焊点有明显间隔
虚焊	焊件表面没有充分镀上锡，焊件没有被焊锡固定住
锡量过多	焊点的形状近似于球形，由于锡量过多，因此与相邻的焊点没有明显间隔
锡量过少	引脚或锡盘处的锡量过少，与合格的焊点底部形状相比要瘪平一些
冷焊	焊点不对称，焊锡向一边倾斜，一般在焊球上有孔洞，局部有拉尖
空洞	引脚没挂住焊锡，使得引脚周围形成空洞、PCB 受潮
拉尖	焊点在顶部或底部有明显的拉尖现象，部分焊锡不存在，球形拉尖比较多

2. 焊点的检测过程

在机器视觉系统中，焊点的检测过程可分为 4 个步骤：图像处理、特征提取、特征选择及检测分类，如图 5-5 所示。

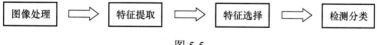

图 5-5

- 图像处理：主要是对图像进行裁切、滤波、分割等处理。
- 特征提取：提取图像的灰度特征、形状特征等。
- 特征选择：将原始的特征空间重新生成一个维数更小、各维数之间更加独立的特征空间。
- 检测分类：依据特征将样本进行分类（如何将样本精准、有效地分类是至关重要的）。

3. 焊点的图像处理

焊点的图像处理如图 5-6 所示，主要包括色彩空间转换、图像分割、图像滤波、图像二值化处理等步骤：

❶ 色彩空间转换主要是将 RGB 焊点图像转化成灰度图像。

❷ 图像分割只对中间部分进行图像处理，从而缩减运算的时间和识别过程（兴趣点为中间的焊点）。例如，对 240×320 大小的图像，只选取其中的 120×160，如图 5-6（b）所示，不仅可以包含中间的焊点，而且可使运算时间缩短到原来的 1/4。

❸ 执行图像滤波操作，如图 5-6（c）所示。

❹ 执行图像二值化处理，如图 5-6（d）所示。

（a）原图

（b）图像分割 　　　　　　（c）图像滤波 　　　　　　（d）图像二值化处理

图 5-6

4. 焊点的特征提取与选择

在焊点的检测过程中，焊点的特征提取与选择是至关重要的一步。在特征提取之前，需要先对焊点图片进行处理。例如，亮度归一化、尺寸归一化、灰度调整和中值滤波等。焊点图像在经过图像处理后，可以得到高斯特征、对称连接特征、二值特征、形状特征等。例如，利用经过图像处理后的二值特征，可以判断焊点是否存在缺陷（焊锡拉尖、部分焊锡不存在等）。

习题及实验

❶ 简述划痕的分类。

❷ 简述划痕检测的一般过程。

❸ 简述焊点缺陷的类型。

❹ 简述焊点的检测过程。

❺ 在 CKVisionBuilder 环境下，对图 5-7 中的图像进行划痕检测。

图 5-7

❻ 在 CKVisionBuilder 环境下，对图 5-8 中的焊点进行检测。

图 5-8

课外小知识：高速检测碎饼干

　　下面主要介绍 CV-5000 视觉系统在高速检测碎饼干中的应用：它能在 20.5ms 内处理 100 万个像素。该处理能力可使其进行多次检测，并进一步提高检测的可靠性。

　　Nutrition & Santé 是欧洲一家著名的健康有机食品制造商。由其生产装配线装配的饼干按 4 个或 5 个一沓打包，并快速装入包装箱中。

　　"对我们而言，碎饼干会产生重大影响。我们不仅需要增强客户对产品质量的认可，还需要消除因饼干碎屑的阻塞导致包装密封不严所产生的风险，"Nutrition & Santé 公司的生产经理 Fabien Ployon 解释道，"我们需要一个检测解决方案来处理每分钟，以及每天加工的数量庞大的饼干。我们在技术部门的协助下安装并调试了 CV-5000 视觉系统，还在每条生产线的上方（大约 20cm 处）安装了两个摄像头，用于边缘检测，并根据每条生产线上传送的 30 种形态各异的饼干设置不同的程序。边缘检测是 CV-5000 视觉系统的 19 种检查工具之一。每种工具都能简单、迅速地用于检测应用。尽管之前没用过 CV-5000 视觉系统，但 CV-5000 视觉系统的设置和使用都十分简便，只需要很短的时间就能根据我们的需求完成优化，现在我们已对它很熟悉。"

CV-5000 视觉系统由一个高速彩色图像处理引擎和一个高速 RISC（精简指令集计算机）CPU 控制，同时连接两个专为图像处理设计的 DSP（数字信号处理器）。所有的 CV-5000 视觉系统都通过 4 个处理器进行并行处理，以达到最快的处理速度——速度约为市场上现有机型的两倍。该视觉系统还配备了一个双缓冲存储器，在处理图像时，它能接收下一个触发脉冲的输入。利用 CV-5000 视觉系统检测饼干的流水线如图 5-9 所示。

图 5-9

模式识别技术

学习重点

- 模式识别的分类
- 模式识别的应用：字符识别
- 模式识别的应用：条码识别

模式识别是对表示事物或现象的各种形式的信息（数值、文字和逻辑关系）进行处理和分析，以便对事物或现象进行描述、辨认、分类和解释的过程，是信息科学和人工智能的重要组成部分。

6.1 模式识别的分类

模式识别又称模式分类，从处理问题的性质和解决问题的方法等角度，可分为有监督的分类（Supervised Classification）和无监督的分类（Unsupervised Classification）两种。模式识别还可分成抽象的和具体的两种形式：抽象的模式识别，如意识、思想、议论等，属于概念识别研究的范畴，是人工智能的一个研究分支；具体的模式识别主要是对语音波形、地震波、心电图、脑电图、图片、视频、文字、符号、生物传感器等对象的具体模式进行辨别和分类。

模式识别研究主要集中在两方面：

- 一是研究生物体（包括人）是如何感知对象的，属于认识科学的范畴。
- 二是在给定的任务下，如何用计算机实现模式识别的理论和方法。应用计算机对一组事件或过程进行辨别和分类，所识别的事件或过程可以是文字、声音、图像等具体对象，也可以是状态、程度等抽象对象。为了与数字形式的信息相区别，这些对象将被称为模式信息。

一个完整的模式识别系统由信息获取、预处理、特征提取和选择、分类决策或分类器设计 4 部分组成，如图 6-1 所示。

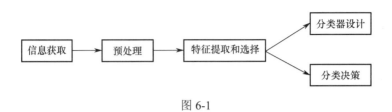

图 6-1

根据模式识别的特征不同，以及选择和分类决策的不同，大致可将模式识别分为统计模式识别、结构模式识别、模糊模式识别、神经网络模式识别共 4 大类。

1. 统计模式识别

统计模式识别主要是利用贝叶斯决策规则解决最优分类器的问题。统计模式识别的基本思想是在不同的模式类型中建立一个决策函数，利用决策函数把一个给定的模式归入相应的模式类型中。

对统计模式识别的优缺点分析如下。

- 统计模式识别的优点：由于统计模式识别基于对模式的统计方法实现（模式的统计方法发展较早，并且技术比较成熟，在处理过程中能充分考虑干扰、噪声等影响），因此，统计模式识别的功能较强。

- 统计模式识别的缺点：在应用统计模式识别时，若统计的数量较大（对于结构复杂的模式），则较难提取模式特征；若统计的数据量较小，则不能提取能够反映整体模式的特征，难以归纳模式的性质。

在统计模式识别中，贝叶斯决策规则从理论上解决了分类器的设计问题。但在实际应用中，利用贝叶斯决策规则来计算条件概率是非常困难的，因为条件概率一般是未知的，必须从数据样本中估计出来。在计算条件概率时，受制于样本的数量：若样本数量太少，则不能表示要研究的某类问题；若样本数量太多，则会给数据采集造成一定的麻烦，而且增大了计算量。为此人们提出了各种解决方法。

（1）最大似然估计和贝叶斯估计

这两种方法的前提条件是，各类别的条件概率密度的形式已知，而参数未知。在此情况下，可对现有的样本进行参数估计。参数估计在统计学中是很经典的算法，而最大似然估计和贝叶斯估计是参数估计中的常用方法：最大似然估计是把待估参数看成确定性的量，只是其取值未知，最大似然估计寻找的是能够将训练样本解释得最好的那个参数值；贝叶斯估计把待估参数看成符合某种先验概率分布的随机变量，而训练样本的作用是把先验概率转化为后验概率。在实际生活中，因为最大似然估计更易实现，在样本数据充足的情况下，得到的分类器效果较好，所以，相对贝叶斯估计而言，最大似然估计的应用较多。

（2）监督参数统计法

- k 近邻查询：k 近邻查询是模式识别的标准算法之一。其基本原理是，先将已分好类的训练样本记入多维空间，并将待分类的未知样本记入空间；然后，分析未知样本的 k 个近邻，若近邻中的某一类样本最多，则可将未知样本判为该类。

- Fisher 判别分析法：Fisher 判别分析法的基本原理是，将多维空间样本点的图像投影
  到二维或一维空间中。选择投影方向的原则是使两类样本点尽可能地分开。通过投
  影方向得到两类点分开的最佳方向，并张成二维平面，从而形成二维分类图。此时，
  垂直于分界线的法线代表使样本向一类或二类转化的方向。

此外，统计模式识别还包括线性判别函数法、非线性判别函数法、特征分析法、主因子
分析法等。

2. 结构模式识别

对于较复杂的模式，对其描述时需要使用很多数值特征，从而增加了模式识别的复
杂度。结构模式识别通过采用一些由比较简单的子模式组成的多级结构来描述一个复杂
的模式。结构模式识别的基本思路：①将模式分为若干个子模式；②子模式再分解成简
单的子模式；③子模式再行分解，直至根据研究的需要不再需要细分，最简单的子模式
称为基元。

对结构模式识别的优缺点分析如下。

- 结构模式识别的优点：由于复杂的模式可分为若干子模式，子模式再分解，直至基
  元，因此在结构模式识别中，可以从简单的基元开始，逐步推理，由简至繁。它能
  反映模式的结构特性，很好地描述模式的性质，对图像"畸变"的抗干扰能力较强。
- 结构模式识别的缺点：当存在较多的干扰或噪声，对基元的影响较大时，会造成提
  取基元困难，并且因容易提取到噪声而造成失真。

3. 模糊模式识别

模糊模式识别是以模糊集合和模糊理论为支撑的一种识别方法。

- 模糊集合是没有明确边界的集合。例如，"水很烫""枇杷很大""某学生的考试成绩
  一般""这件衣服很贵"等，这些都是模糊集合。尽管如此，仍可以通过一些方法表
  示出来，因此，也可以认为这些集合是清晰的。
- 模糊理论是通过隶属函数来描述元素的集合程度，主要用于解决不确定性的问题。
  在平常的事物中，由于噪声、扰动、测量误差等因素的影响，使得不同模式的边界
  不明确，因此在模式识别中，可以利用模糊理论的方法对模式进行分类，从而解决
  问题。

对模糊模式识别的优缺点分析如下。

- 模糊模式识别的优点：在模糊模式识别中，利用隶属函数作为样本和模板的度量，
  能够较好地反映模式的整体特征，并且针对样品中的干扰、噪声或畸变具有很强
  的剔除能力。
- 模糊模式识别的缺点：模糊规则往往是根据经验得出的，难以建立准确、合理的隶
  属函数，从而限制了模糊模式识别的应用。

4. 神经网络模式识别

神经网络是由大量简单的处理单元互连而成的复杂网络，起源于对生物神经系统的研究。它将若干处理单元（即神经元）通过一定的互联模型连接成一个网络，这个网络通过一定的机制（如 BP 网络）模仿人的神经系统，以达到识别、分类的目的。神经网络模式识别与其他识别方法的最大区别：它不要求对待识别的对象拥有太多的分析与了解，具有一定的智能化处理的特点。神经网络模式识别具有大规模并行、分布式存储和处理、自组织、自适应和自学习的能力，特别适用于处理需要同时考虑多个因素和条件、不精确、模糊的信息处理问题。

对神经网络模式识别的优缺点分析如下。

- 神经网络模式识别的优点：神经网络由模式的基元互连而成，能够反映局部信息，可以处理一些环境信息复杂、背景知识未知、推理规则不明确的问题。即便样品中存在较大缺损或畸变，也能应用神经网络模式识别进行纠正。
- 神经网络模式识别的缺点：由于神经网络的模式不断变化，因此，应用此方法进行识别的模式数量有限。

本章主要讲解模式识别在字符识别、条码识别等方面的应用。

6.2 模式识别的应用：字符识别

字符识别是模式识别领域中一个非常活跃的分支。字符识别（Optical Character Recognise，OCR）是对纸上的打印字符进行识别，并将识别结果以文本的方式存储在计算机中。字符识别可以应用在证件识别、文字读取等方面。字符识别的应用如图 6-2 所示。

图 6-2

通常情况下，字符识别技术根据识别的字符类型可分为印刷体字符识别和手写体字符识别两大类。因为手写体字符的拓扑结构具有多样性，因此，手写体字符的识别难度高于印刷体字符的识别难度。

字符识别技术根据输入方式的不同可分为联机识别（也称为在线识别）和脱机识别（也称为离线识别）。

- 联机识别是对所书写的字符进行实时识别、即写即识。所以，联机识别技术往往通过结合字符的笔画顺序进行识别。
- 在脱机识别中，首先通过扫描仪将已经写在纸上的字符转换为二值化图像，然后对二值化图像进行识别。由于书写与识别可以分开进行，因此，在脱机识别技术中不涉及字符的书写顺序。

对字符识别技术的分类如图 6-3 所示。

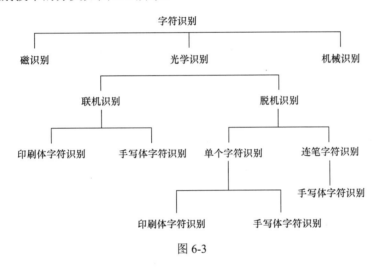

图 6-3

6.2.1　印刷体字符识别

在印刷体字符识别的过程中，首先，利用扫描仪或其他光学方式输入印刷在纸张上的中文或英文；其次，通过图像预处理得到灰度或二值化图像；再次，利用各种模式识别算法对文本图像中的文字进行定位，并对文本进行行列切割、特征提取；最后，与识别字典中的标准字符进行匹配，修改识别结果为不匹配的字符，从而达到识别文档内容的目的。印刷体字符的识别流程如图 6-4 所示。

在印刷体字符的识别流程中，文本的行列切分、文本的特征提取、与标准字符进行匹配是印刷体字符识别的核心技术，图像预处理是必备环节。下面主要介绍一下图像预处理的过程（以识别中文为例进行说明）。

在对原始图像进行识别处理之前，应尽可能降低干扰因素的影响，即对原始采样信号进行预处理。图像预处理通常包括版面分析、二值化处理、倾斜校正、汉字切分、归一化处理、平滑处理、细化处理等。

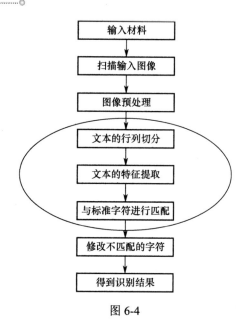

图 6-4

1. 版面分析

版面分析是通过对印刷体字符进行分析，提取出文本、图形、表格等区域，确定其逻辑关系，并将相应的文本块连接在一起。

2. 二值化处理

二值化处理是将一幅具有多种灰度值的图像转换成仅有黑白分布的二值化图像。二值化处理的目的是将汉字从图像中分离出来。二值化处理的流程：

❶ 确定像素数和阈值。

❷ 比较像素数和阈值的大小。

❸ 若像素数大于或等于阈值，则其灰度值为 1，否则为 0。在二值化处理的过程中，阈值的选取极为关键。

3. 倾斜校正

通过输入设备获得的图像将会不可避免地发生倾斜，这会给后面的汉字切分、归一化处理等操作带来困难。因此，在汉字识别系统中，倾斜校正是图像预处理的重要组成部分。倾斜校正的核心在于如何检测出图像的倾斜角。

4. 汉字切分

汉字的切分又分为字切分和行切分。汉字切分的目的是利用字与字之间、行与行之间的空隙，将单个汉字从整个图像中分离出来。

5. 归一化处理

归一化处理也称为规格化处理，包括统一文字大小、纠正文字位置（平移）、统一笔画的粗细等处理操作。

6. 平滑处理

对文字图像进行平滑处理，其目的是去除孤立的噪声干扰，以便平滑笔画边缘。平滑处理的实质是，通过一个低通滤波器去除高频分量，保留低频分量。

7. 细化处理

细化处理是将二值化文字点阵逐层剥去轮廓边缘上的点，转换成笔画宽度只有一个比特的文字骨架图形。细化处理的目的是搜索图像的骨架，去除图像上多余的像素，从而在不改变图像主要特征的前提下，减少图像的信息量。

6.2.2　手写体字符识别

手写体字符识别是将在手写设备上书写时产生的有序轨迹信息转换为文字的过程。根据采集信息的实时性，可将手写体字符识别分为在线手写体字符识别和离线手写体字符识别两种类型。

- 在线手写体字符识别：一般包括预处理、特征提取、分离字符等步骤。我们常说的手写体字符识别就是在线手写体字符识别。例如，智能手机、计算机等均有手写功能。这种识别方式方便、简单，可以取代键盘或鼠标。
- 离线手写体字符识别：将预先采集好的图像或文本，通过扫描设备转换成计算机可以使用的字符代码。由于离线手写体字符的风格迥异，因此识别较为困难。

手写体字符识别的流程如图 6-5 所示。

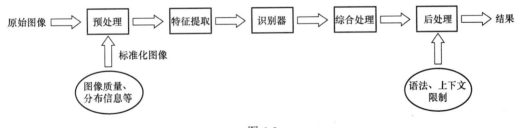

图 6-5

在众多的应用环境中，特征提取、识别器、综合处理是手写体字符识别的核心。可将特征分为结构特征和统计特征两类。由于识别器的选择取决于所提取的特征，因此，针对不同的识别要求，将配合使用结构方法和统计方法。后处理是通过加入语法和上下文的限制，从识别候选集中挑选合适的语境结果，这一点在汉字识别中十分有效。

6.3　模式识别的应用：条码识别

条形码（简称条码）识别技术是一种集条码理论、光电技术、计算机技术、通信技术、条码印制技术于一体的自动识别技术。条码由宽度不同、反射率不同的条（黑色）和空（白色），按照一定的编码规则编制而成。条码也可印成其他两种颜色，但这两种颜色必须对光线拥有不同的反射率，并且拥有足够大的对比度。条码识别技术已相当成熟，其读取的错误率约为百万分之一，具有可靠性高、输入速度快、准确性高、成本低、应用面广等特点。条码广泛应用于商品流通、工业生产、图书管理、仓储管理、信息服务等领域，已成为商业活动中不可缺少的基本要素。

条码可分为两大类：一维条码（One Dimensional Barcode，1D）和二维条码（Two Dimensional Code，2D）。

- 在商品中的应用仍以一维条码为主，故一维条码又被称为商品条码。
- 二维条码是另一种渐受重视的条码，其功能较一维条码更强，应用范围较广。

世界上约有几百种一维条码，每种一维条码都有自己的一套编码规范，用于规定每个字母（也可能是文字或数字）由几个线条（Bar）、几个空格（Space）组成，以及字母的排列顺序。常用的一维条码有39码（Code 39）、EAN码（国际物品条码）、UPC码（通用产品条码）、128码（Code 128），以及专门用于图书、期刊管理的ISBN、ISSN等。例如，UPC码和EAN码常用于商业物流系统中；39码在工业应用中拥有重要地位；128码广泛应用在企业内部管理、生产流程、物流控制等方面。

条码识别技术所涉及的技术领域较广，是多项技术相结合的产物。经过多年的研究和实践应用，现已发展成较为成熟的实用技术。与其他技术相比，条码识别作为一种图形识别技术，具有如下特点。

- 操作简单：不仅制作条码容易，而且扫描条码的操作也很简单。
- 信息采集速度快：通过计算机键盘录入字符的速度是200个/分钟，而利用条码识别技术录入字符的速度是利用键盘录入字符速度的20倍。
- 采集信息量大：利用条码识别技术，可以依次采集几十位的字符信息，甚至可以通过选择不同码制的条码增加字符密度，使得采集的信息量成倍增加。
- 可靠性强：利用键盘录入数据时的误码率为1/300；利用光学字符识别技术录入数据时的误码率为1/10 000；利用条码识别技术录入数据时的误码率仅为1/1 000 000。
- 使用灵活：条码作为一种识别手段可以单独使用，也可以和有关设备组成识别系统，从而实现自动化识别，还可以和其他控制设备连接，实现整个系统的自动化管理。同时，在没有自动识别设备时，可以实现手工键盘输入。
- 设备结构简单、成本低：条码识别设备的结构简单、容易操作、无须进行专门训练。与其他自动化识别技术相比，应用条码识别技术所需费用较低。

6.3.1 一维条码识别

在一维条码中，EAN码的应用较多。EAN码包括EAN标准码（EAN-13码）和EAN缩短码（EAN-8码）两个版本。本节主要以EAN-13码为例进行介绍，实现对一维条码的识别。

1. EAN-13 码的编码方式

EAN-13 码由 13 位数字组成，为 EAN 的标准编码形式。EAN-13 码是模块组合型条码，模块是条码宽度的基本单位，每个模块的宽度为 0.33 mm。在条码字符中，表示数字的字符均由两个条和两个空组成，是一种多值符号编码，即在一个字符中，有多种宽度的条和空参与编码。条和空分别由 1~4 个同一宽度的模块组成：条表示二进制的 1；空表示二进制的 0。所以，EAN-13 码是一种(7,2)码：每个条码字符均有 7 个模块，即在一个条码字符中，条和空的宽度之和为单位元素的 7 倍；每个字符含条或空的个数均为 2，如果相邻元素相同，则从外观上合并为一个条或空。

EAN-13 码的组成一般包括国家代码、厂商代码、商品代码和检查码，如图 6-6 所示。

图 6-6

- 国家代码：前 2 位（欧盟成员国）或前 3 位（其他国家）数字作为国家代码。国家代码由国际商品条形码总会授权。例如，我国的国家代码为 690；德国的国家代码为 44。
- 厂商代码：国家代码后的 4 位数字，由该国的编码管理局审批、登记、注册后核发给申请厂商，代表申请厂商的号码。
- 商品代码：厂商代码后的 5 位数字，代表具体的商品项目，由厂商自主确定。
- 检查码：检查码为最后一位数字，用来提高数据的可靠性，以及校验数据输入的正确性。

EAN-13 码的区域构成如图 6-7 所示。

图 6-7

- 左侧空白区：没有任何印刷符号，位于条码符号最左侧，其最小宽度为 11 个模块。
- 起始符：位于左侧空白区的右侧，是表示信息开始的特殊符号，用于识别条码的开始，由 3 个模块组成。
- 左侧数据符：位于起始符的右侧，表示一组 6 位数字信息的条码字符，由 42 个模块组成。

- 中间分隔符：位于左侧数据符的右侧，是平分条码字符的特殊符号，由 5 个模块组成。
- 右侧数据符：位于中间分隔符的右侧，表示一组 5 位数字信息的条码字符，由 35 个模块组成。
- 校验符：位于右侧数据符的右侧，用于判断检查码的条码字符是否正确，由 7 个模块组成。
- 终止符：位于校验符的右侧，是表示信息结束的特殊符号，由 3 个模块组成。
- 右侧空白区：位于条码符号的最右侧，其最小宽度为 7 个模块。

EAN-13 码的编码由二进制表示，如表 6-1 所示。左侧数据符有奇偶性，它的奇偶性取决于前置码，即国家代码的第一位数字。前置码的编码方式如表 6-2 所示。例如，我国的国家代码为 690，因此，其前置码为 6，左侧数据符的编码方式为 ABBBAA。

表 6-1

编　码	二进制表示		
	左侧数据符		右侧数据符
	奇性字符串（A 组）	偶性字符串（B 组）	偶性字符串（C 组）
0	0001101	0100111	1110010
1	0011001	0110011	1100110
2	0010011	0011011	1101100
3	0111101	0100001	1000010
4	0100011	0011101	1011100
5	0110001	0111001	1001110
6	0101111	0000101	1010000
7	0111011	0010001	1000100
8	0110111	0001001	1001000
9	0001011	0010111	1110100
起始符	101	/	/
中间分隔符	01010	/	/
终止符	101	/	/

注：0 表示空；1 表示条。

表 6-2

前置码	编码方式	前置码	编码方式
0	AAAAAA	5	ABBAAB
1	AABABB	6	ABBBAA
2	AABBAB	7	ABABAB
3	AABBBA	8	ABABBA
4	ABAABB	9	ABBABA

2. EAN-13 码的校验

对代码的校验是商品质量检验的重要内容之一。检查码的作用是防止因条码的印刷质量低劣，或者在包装运输中出现破损而造成扫描设备误读信息。下面主要介绍 EAN-13 码的校验方法。

例如，EAN-13 码如下：

$$N_1\ N_2\ N_3\ N_4\ N_5\ N_6\ N_7\ N_8\ N_9\ N_{10}\ N_{11}\ N_{12}\ C$$

检查码 C 的计算步骤如下：

❶ $C_1=N_1+N_3+N_5+N_7+N_9+N_{11}$，即奇数位之和。

❷ $C_2=(N_2+N_4+N_6+N_8+N_{10}+N_{12})\times 3$，即偶数位之和的 3 倍。

❸ 令 $C_3=C_1+C_2$，并将 C_3 的个位再次赋予 C_3。

❹ C（检查码）$=10-C_3$。

3. EAN-13 码的识别

条码的识别算法很多，常用的条码识别算法有宽度测量法、平均值法、相似边距离测量法。

（1）宽度测量法

在条码识别过程中，宽度测量法的示意图如图 6-8 所示。宽度的测量不再采用传统的脉冲测量法，而是通过记录在每个条或空的宽度中所含的像素数确定实际的每个条或空的宽度，从而确定整个条码所代表的信息。

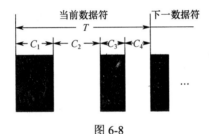

图 6-8

计算方法：在图 6-8 中，C_1、C_2、C_3、C_4 表示 4 个相邻条、空的宽度，T 是一个数据符的宽度。假设在一个数据符中，单位模块的宽度为 n，则单位模块的宽度为

$$n = T/7 \tag{6-1}$$

$$T = C_1+C_2+C_3+C_4 \tag{6-2}$$

假设：

$$m_i = C_i\ /\ n \qquad i = 1,2,3,4 \tag{6-3}$$

则由 m_1、m_2、m_3、m_4 的值可以得到编码。例如，若 $m_1=1$，$m_2=3$，$m_3=1$，$m_4=2$，并且条码的排列为"条-空-条-空"，则当前字符的编码为 1000100；若 $m_1=3$，$m_2=1$，$m_3=1$，$m_4=2$，并且条码的排列为"空-条-空-条"，则当前字符的编码为 0001011。

（2）平均值法

平均值法是对从起始符到终止符的整个宽度进行测量，通过将测量宽度除以 95 模块的标准宽度，即可求出单位模块所含的像素列宽，并且分别测量各个条、空的实际宽度。

（3）相似边距离测量法

宽度测量法和平均值法对条码图像的要求非常高，因为它们都是通过测量各元素符号的实际宽度，并且根据查表法得到所代表的码值。如果实际测量值与标准值存在偏差，则不能正确识别条码。相似边距离测量法有效解决了这一问题。

这种方法的设计思路是通过对符号中相邻元素的相似边之间的距离进行测量，从而判别字符的逻辑值，而不是由各元素宽度的实际测量值进行判别。此种方法的优点：即使条码质量不佳，使得实际测量值与标准值存在较大偏差，也可以根据相似边的距离对条码进行正确识别。

条码示例：以 6903244981002（心心相印条码）为例进行说明。其中，690（红色）为我国的国家代码；3244（黄色）为恒安集团的厂商代码；98100 为商品代码；2（蓝色）为检查码。因为前置码为 6，所以左侧数据符的编码方式为 ABBBAA。心心相印条码的编码格式如图 6-9 所示。

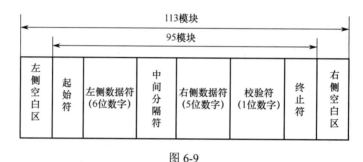

图 6-9

利用与各个数字对应的码表替换上面的心心相印条码即可，结果为：

000000000 101（起始符）0001011（9）0100111(0)0100001（3）0010011（2）0100011（4）01011（中间分隔符）1011100（4）1110100（9）1001000（8）1100110（1）1110010（0）1110010（0）1101100（2）101 000000000

> 注意：前置码（6）不需要编码。

6.3.2　二维条码识别

一维条码只能表示字母和数字信息，不能表达其他信息（如汉字、图像等），即一维条码只能在水平方向上表示信息，在垂直方向上不能表达任何信息。这一特性限制了一维条码的存储能力，并且一维条码的利用率低，尤其是在条码图像遭到破坏后，不能正确识别信息。

在二维条码中，每个字符信息占据一定的宽度，具有特定的字符集，以及较强的校验纠错功能、信息识别功能、图像处理功能、检测错误和删除错误功能等。在二维条码中，还可引入校验纠错码，具有信息容量大、密度高、纠错能力强、安全性好、编码范围广的优点，大大降低了对计算机网络和数据库的依赖，仅仅依靠条码本身就可以起到数据信息存储及通信的作用，已成为现代条码技术应用中的新兴技术。二维条码除了可以存储基本的英文、汉字、数字信息，还可以存储声音、指纹、照片及图像等各种信息。二维条码的识别过程包括条码定位、分割、解码三个过程。

按照原理的不同，可将二维条码分为堆叠式二维条码和矩阵式二维条码。

- 堆叠式二维条码：堆叠式二维条码（又称堆积式二维条码、行排式二维条码）建立在一维条码的基础之上，可按照需要堆积成两行或多行。它在编码设计、校验原理、识读方式等方面继承了一维条码的特点，并且与一维条码的识读设备、条码印刷技术兼容。由于行数的增加，需要对行数进行判定，因此，堆叠式二维条码的识别算法与一维条码不完全相同。常用的堆叠式二维条码如图 6-10 所示，包括 PDF417、Ultracode、Code 49、Code 16K 等。

PDF417　　　　Ultracode　　　　Code 49　　　　Code 16K

图 6-10

- 矩阵式二维条码：矩阵式二维条码是一种建立在计算机图像处理技术、组合编码原理等基础上的新型图形符号自动识别码制。矩阵式二维条码（又称棋盘式二维条码）是在一个矩形空间中，通过黑、白像素在矩阵中的不同分布进行编码。在矩阵元素的位置上，若点（方点、圆点或其他形状均可）出现，则表示二进制 1；若点不出现，则表示二进制 0。点的排列组合确定了矩阵式二维条码所代表的意义。常用的二维条码如图 6-11 所示，包括 Data Matrix、Maxi Code、Aztec One、QR Code、Vericode 等。

Data Matrix　Maxi Code　　Aztec One　QR Code　　Vericode

图 6-11

下面主要介绍三种主要的二维条码：PDF417、Data Matrix、QR Code。

1. PDF417

PDF417 是一种高密度、大信息量的便携式数据文件，是一种可实现证件及卡片等大容量、高可靠性信息的自动存储，并可利用机器自动识别的理想手段。

PDF417 是一种堆叠式二维条码。PDF 是 Portable Data File 三个单词的首字母缩写，意为便携数据文件。因为组成条码的每个字符都由 4 个条和 4 个空构成，如果将组成条码的最窄条或空称为一个模块，则上述的 4 个条和 4 个空的总模块数为 17，因此，将此条码称为 417 码或 PDF417 码。

2. Data Matrix

Data Matrix 是一种矩阵式二维条码，有两种类型，即 ECC000-140 和 ECC200。ECC000-140 具有几种不同等级的卷积纠错功能；ECC200 则利用 Reed-Solomon 纠错。

3. QR Code

QR Code 是一种矩阵式二维条码。QR Code 呈正方形，只有黑、白两色。在 3 个角落印有较小的，类似于"回"字的正方形图案。这 3 个正方形图案用于帮助软件定位图案，用户不需要对准，无论以任何角度扫描，数据都可被正确读取。除了具有二维条码的信息容量大、可靠性高、可表示汉字及图像等多种信息、防伪性强等优点，QR Code 还具有以下优点：

- 超高速识别：适合应用在自动化生产线中。
- 全方位识读：QR Code 可 360°识别条码。

以上三种二维条码的特性比较如表 6-3 所示。

表 6-3

类型	图形	码制分类	识别速度	识别方向	识别方法
QR Code		矩阵式	30 个/s	360°	深色、浅色模块识别
Date Matrix		矩阵式	2~3 个/s	360°	深色、浅色模块识别
PDF417		堆叠式	3 个/s	±10°	条、空的宽度识别

习题及实验

❶ 模式识别可分为哪几类？
❷ 根据输入方式的不同，可将字符识别技术分为哪几类？
❸ 简述 EAN-13 码的编码方式。
❹ 按照原理的不同，可将二维条码分为哪几类？

课外小知识：贝叶斯决策规则

投掷硬币并预测其反正，是一个随机过程，因为不能准确预测任意一次的投币结果为正面还是反面，只能谈论下一次投币结果为正面还是反面的概率。有证据显示：如果能够在投币之前取得一些额外的数据，例如，硬币的材质成分、硬币的最初位置、投币的力量、投币的方向、如何接住等，则投币结果的可预测性会提高很多。

在投币的过程中，唯一可观测的变量为投币结果，不能获取的额外数据称为不可观测的变量。假设 z 表示不可观测的变量，x 表示可观测的变量，则有

$$x = f(z) \tag{6-4}$$

式中，$f(z)$ 是一个确定性函数，用于定义不可观测变量的输出。因为 $p(X=x)$，所以，定义 X 为指明该过程、由概率分布 $p(X=x)$ 抽取的随机变量。

投币的结果只有两种：正面或反面，分别用 1 或 0 表示，即若 $X=1$，则表示投币的结果为正面；若 $X=0$，则表示投币的结果为反面。X 服从伯努利分布，参数 p_0 是投币结果为正面的概率，则有

$$p(X=1) = p_0 \tag{6-5}$$

$$p(X=0) = 1 - p(X=1) = 1 - p_0 \tag{6-6}$$

如果知道 p_0 的值，需要预测下一次投币的结果，则当 $p_0 > 0.5$ 时，预测下一次投币的结果为正面，否则为反面；如果这是一个 $p_0 = 0.5$ 的投币过程，则正面与反面的概率相同。

如果不知道 $p(X)$，并且想从给定的样本中对 $p(X)$ 进行估计，则需要运用统计学知识。假设有一个样本 χ，包含由可观测变量 x 的概率分布抽取出的样例，目的是使用样本 χ 构造一个近似值。

在投币的过程中，样本包含了 N 次投币的结果。利用 χ 可以估计出 p_0，p_0 的估计值 $\hat{p}_0$ 为

$$\hat{p}_0 = \frac{\#\{结果为正面的投币次数\}}{\#\{投币总次数\}} \tag{6-7}$$

通过求得的 $\hat{p}_0$ 即可预测下一次投币的结果。

尺寸测量技术

　　尺寸测量是机器视觉技术在制造业中的常见应用。例如，对外形轮廓、孔径、高度、面积等数值的测量。无论在产品的生产过程中，还是在生产完成后的质量检验中，尺寸测量都是必不可少的步骤。应用机器视觉技术进行尺寸测量的优势主要体现在非接触测量、能够长时间稳定工作等方面。

　　在测量工件的各种尺寸参数时，需要检测出工件相关区域的几何特征。本章主要介绍尺寸测量技术在距离测量、圆测量、轮廓测量等方面的应用。

7.1 距离测量

　　距离测量的步骤如图 7-1 所示：首先，进行图像采集，以及图像的预处理；然后，进行形状匹配、位置补正、检测间距等操作；最后，输出距离测量的结果，效果如图 7-2 所示。

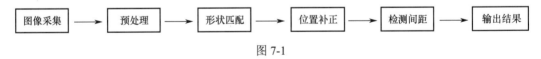

图 7-1

图 7-2

　　在进行距离测量时，需要对定位距离的两条直线进行识别和拟合，在得到直线方程后，根据数学计算得到两条直线之间的距离。因此，测量距离的关键是对定位距离的直线拟合。以下介绍两种经典的直线拟合算法，即哈夫变换法和最小二乘法。

1. 哈夫变换法

哈夫变换法的基本思想是利用点、线的对偶原理进行操作。假设在 X-Y 空间中，存在一个直线方程 L：

$$y = ax + b \qquad\qquad (7\text{-}1)$$

将直线方程 L 变换成 A-B 空间中的一个直线方程，即 $b = y - ax$。X-Y 空间中的每一个点都对应着 A-B 空间中的一条直线。若 X-Y 空间中有 m 个共线点，则 A-B 空间中就有 m 条共点线。令函数 $\omega(a,b)$ 表示 A-B 空间中共点线的数目，即

$$\omega(a,b)=\text{Count}[L(a,b),\{y=ax+b,P(x,y)\in i\}] \qquad\qquad (7\text{-}2)$$

式中，i 表示 X-Y 空间；$P(x,y)$ 表示 X-Y 空间中的点。

显然，函数 $\omega(a,b)$ 建立了一个二维平面直线段与三维曲面点之间的映射关系。由于 a、b 的定义域是整个实数空间，计算复杂，因此，可把直角坐标系的直线方程转化成极坐标的形式：

$$x\sin\theta+y\cos\theta=\rho \qquad\qquad (7\text{-}3)$$

式中，θ、ρ 分别为极坐标中的极角和极径，定义为

$$(\theta,\rho)=\text{Count}[L(a,b),\{x\sin\theta+y\cos\theta=\rho,P(x,y)\in i\}] \qquad\qquad (7\text{-}4)$$

式中，$\theta\in[0°,180°]$，对于每个 θ，都可以计算出 ρ 值。距离检测的精度与 θ 和 ρ 的划分有关：θ 和 ρ 划分得越细，距离检测的精度越高，但检测速度越慢。

- 如果要求角度的分辨率高于 0.01°，则需要把 $[0°,180°]$ 分成 18×10^3 等份。对于 640×512 的图像（单位：pix），假设边界点为 5×10^3 个，则其计算 ρ 的次数为 9×10^3 万次。
- 如果要求角度的分辨率高于 0.1°，则计算 ρ 的次数仍为 900 万次。

2. 最小二乘法

在直线方程 $y=ax+b$ 中，a 和 b 是待定常数。假设 $\varepsilon_i=y_i-(ax_i+b)$，用于反映计算值 y 与实际值 y_i 的偏差（偏差越小越好）。若使用最小二乘法，则可方便、快速地求解直线方程。但是，这种方法拟合出的用于定位距离的两条直线可能不平行。在这种情况下，可采用从一条直线上的多点到另一条直线的距离平均值来进行近似计算。所以，这种测量方式适合于精度要求不高的工件。哈夫变换法和最小二乘法的测量时间对比如表 7-1 所示。

表 7-1

采用的方法	像素值（单位：pix）	测量时间（单位：ms）
哈夫变换法	62.0	47
最小二乘法	62.0	25

7.2 圆测量

利用传统的物理接触方式测量圆时，因为参考点太多，所以难以从整体上把握综合参数，并且测量速度慢、精度低。基于机器视觉技术的圆测量，可以大大提高工件测量的速度和精度。

在圆测量中，应用最为广泛的是正圆测量技术。由于椭圆测量技术还不成熟，应用较少，因此，在通常情况下将正圆测量简称为圆测量。例如，轴类工件的直径测量、面板圆孔的直径测量等，均属此类测量范围。在进行圆测量时，需要对圆的外形轮廓进行识别和拟合；在得到圆的方程后，就可利用数学方法方便地获取相关的参数，如直径、圆心位置等。

下面介绍几种圆测量的经典算法：哈夫变换法、哈夫变换法的改进算法、最小二乘法，以及基于 CKVisionBuilder 实现圆测量的过程。

1. 哈夫变换法

哈夫变换法的原理是，利用图像的全局特征将边缘像素连接起来，组成区域封闭的边界。它将图像空间转换到参数空间，并在参数空间中对点进行描述，以便达到检测图像边缘的目的。该方法把所有可能落在边缘上的点都进行了统计计算，根据对数据的统计结果确定属于边缘的可能性。哈夫变换法的实质是对图像进行坐标变换，即将平面坐标转换为参数坐标，使得转换的结果更易识别和检测。

已知圆的一般方程为

$$(x-a)^2+(y-b)^2=r^2 \tag{7-5}$$

式中，(a,b)为圆心坐标；r为圆的半径。

一个过(x,y)点、在与圆对应的参数空间中高度r不断变化的三维锥面，如图 7-3 所示。因此，过图像空间中同一圆的点的三维锥面，必然在高度r上相交于一点，即(a,b,r)。通过检测这一点可以得到圆的参数，进而得到相应的圆。将图像平面的方程转化为参数平面的示意图，如图 7-4 所示。

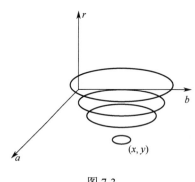

图 7-3

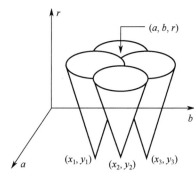

图 7-4

2. 哈夫变换法的改进算法

哈夫变换法的计算复杂，在圆测量的应用中，随着取值范围的不断扩大，参数空间中的三维数组尺寸将呈正比例增加，需要占用大量的计算机内存，造成计算效率低下。因此，尽可能缩小参与哈夫变换的参数范围是提高算法效率的关键。在实际应用中，哈夫变换法仅适用于简单测量。

基于以上考虑，提出了改进的哈夫变换法，即通过面积测量的方法求取圆的面积，进而求得圆的半径 r；利用一个二维累加数组(a,b)进行统计，通过它的峰值即可确定圆心，从而把三维空间问题求解转化为二维空间问题求解。这种方法不仅减少了计算量、节省了运算时间，而且提高了测量速度，但其测量精度受到圆的面积的测量精度影响。

改进的哈夫变换法的执行步骤如下：

❶ 利用 Canny 边缘检测算法对图像进行边缘检测，得出图像中待测量圆的边缘。

❷ 求出图像中待测量圆的边缘在上、下、左、右共 4 个方向上的极点，根据圆的几何对称性，采用最小外接矩形法估算待测量圆的圆心及半径，如图 7-5 所示，并生成相应的子图，滤除图像中的噪声。在图 7-5 中，圆心为 $O((x_1+x_2)/2, (y_1+y_2)/2)$，半径为 r：

$$r = \sqrt{(x_2 - x_1)^2 + (y_2 - y_1)^2} \tag{7-6}$$

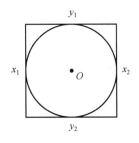

图 7-5

❸ 考虑到图像可能存在缺陷和噪声，可对估算得到的圆心及半径进行适量缩放，从而缩小参与哈夫变换的参数范围。

❹ 在确定的圆心及半径范围内，根据圆的参数方程进行哈夫变换，从而对圆进行测量。

3. 最小二乘法

最小二乘法是一种数学方法，即通过最小化误差的平方和找到一组数据的最佳匹配函数，常用于拟合曲线中。

最小二乘法的执行步骤如下：

❶ 列出数据点到圆距离的平方和表达式。

❷ 使上述表达式中各变量的偏导数为零，并列出线性方程组。

❸ 求解线性方程组，便可求得圆的三个参数，完成圆测量。

利用最小二乘法拟合圆曲线的公式推导过程如下。

❶ 通过最小二乘法拟合圆曲线，即

$$R^2 = (x-A)^2 + (y-B)^2$$
$$= x^2 - 2Ax + A^2 + y^2 - 2By + B^2 \tag{7-7}$$

令 $a = -2A$，$b = -2B$，$c = A^2 + B^2 - R^2$，可得到圆曲线的另一个表示形式，即

$$x^2 + y^2 + ax + by + c = 0 \tag{7-8}$$

❷ 构建待测量圆，如图7-6所示。由式7-8可知，只要求出参数 a、b、c 的值，就可求得圆心、半径，即

$$A = \frac{a}{-2} \tag{7-9}$$

$$B = \frac{b}{-2} \tag{7-10}$$

$$R = \frac{1}{2}\sqrt{a^2 + b^2 - 4c} \tag{7-11}$$

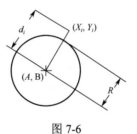

图 7-6

❸ 样本集 (X_i, Y_i) 到圆心的距离为 d_i，其中，$i \in (1,2,3,\cdots,N)$，则有

$$d_i^2 = (X_i - A)^2 + (Y_i - B)^2 \tag{7-12}$$

❹ 令 δ_i 为点 (X_i, Y_i) 到圆心的距离平方与半径平方的差，即

$$\delta_i = d_i^2 - R^2 = (X_i - A)^2 + (Y_i - B)^2 - R^2 = X_i^2 + Y_i^2 + aX_i + bX_i + c \tag{7-13}$$

❺ 令

$$Q(a,b,c) = \sum \delta_i^2 = \sum (X_i^2 + Y_i^2 + aX_i + bY_i + c)^2 \tag{7-14}$$

由最小二乘法的原理可知，通过求得参数 a、b、c 的值，使得 $Q(a,b,c)$ 取得最小值即可。由于 $Q(a,b,c)$ 大于 0，因此，函数存在大于或等于 0 的最小值（最大值为无穷大）。

❻ 通过 $Q(a,b,c)$ 分别对 a、b、c 求偏导数，并令偏导数等于 0，从而得到最小值。方程组为

$$\frac{\partial Q(a,b,c)}{\partial a} = \sum 2(X_i^2 + Y_i^2 + aX_i + bY_i + c)X_i = 0 \tag{7-15}$$

$$\frac{\partial Q(a,b,c)}{\partial b} = \sum 2(X_i^2 + Y_i^2 + aX_i + bY_i + c)Y_i = 0 \tag{7-16}$$

$$\frac{\partial Q(a,b,c)}{\partial c} = \sum 2(X_i^2 + Y_i^2 + aX_i + bY_i + c) = 0 \tag{7-17}$$

❼ 求解上述方程组，可消去 c，则有

$$N\sum(X_i^2 + Y_i^2 + aX_i + bY_i + c)X_i - \sum(X_i^2 + Y_i^2 + aX_i + bY_i + c) \times \sum X_i = 0 \tag{7-18a}$$

$$N\sum(X_i^2 + Y_i^2 + aX_i + bY_i)X_i - \sum(X_i^2 + Y_i^2 + aX_i + bY_i) \times \sum X_i = 0 \tag{7-18b}$$

$$(N\sum X_i^2 - \sum X_i \sum X_i)a + (N\sum X_i Y_i - \sum X_i \sum Y_i)b + N\sum X_i^3 + N\sum X_i Y_i^2 - \sum(X_i^2 + Y_i^2)\sum X_i = 0 \tag{7-18c}$$

$$N\sum(X_i^2 + Y_i^2 + aX_i + bY_i + c)Y_i - \sum(X_i^2 + Y_i^2 + aX_i + bY_i + c) \times \sum Y_i = 0 \tag{7-19a}$$

$$N\sum(X_i^2 + Y_i^2 + aX_i + bY_i)Y_i - \sum(X_i^2 + Y_i^2 + aX_i + bY_i) \times \sum Y_i = 0 \tag{7-19b}$$

$$(N\sum X_i Y_i - \sum X_i \sum Y_i)a + (N\sum Y_i^2 - \sum Y_i \sum Y_i)b + N\sum X_i^2 Y_i + N\sum Y_i^3 - \sum(X_i^2 + Y_i^2)\sum Y_i = 0 \tag{7-19c}$$

❽ 令

$$C = (N\sum X_i^2 - \sum X_i \sum X_i) \tag{7-20}$$

$$D = (N\sum X_i Y_i - \sum X_i \sum Y_i) \tag{7-21}$$

$$E = N\sum X_i^3 + N\sum X_i Y_i^2 - \sum(X_i^2 + Y_i^2)\sum X_i \tag{7-22}$$

$$G = (N\sum Y_i^2 - \sum Y_i \sum Y_i) \tag{7-23}$$

$$H = N\sum X_i^2 Y_i + N\sum Y_i^3 - \sum(X_i^2 + Y_i^2)\sum Y_i \tag{7-24}$$

可解得：

$$Ca + Db + E = 0 \tag{7-25}$$

$$Da + Gb + H = 0 \tag{7-26}$$

$$a = \frac{HD - EG}{CG - D^2} \tag{7-27}$$

$$b = \frac{HC - ED}{D^2 - GC} \tag{7-28}$$

$$c = -\frac{\sum(X_i^2 + Y_i^2) + a\sum X_i + b\sum Y_i}{N} \tag{7-29}$$

❾ 在得到 a、b、c 之后，即可求得圆心坐标、半径了。

4. 基于 CKVisionBuilder 实现圆测量的过程

基于 CKVisionBuilder 实现圆测量的过程如下。

❶ 采集图像：输入预先准备好的图片（JPG/BMP）。

❷ 形状匹配：使用图片的边缘特征作为模板，在图片上搜索相似的目标。

❸ 位置补正：令测量区域随图片的变化而变化。

❹ 检测圆形：在指定区域中，对测量对象（圆）的多个边缘进行拟合，用于尺寸测量和定位。"检测圆形"对话框中的"参数设置"选项卡如图 7-7 所示，可在该对话框中对"检测参数"选项组、"扫描参数"选项组、"拟合参数"选项组进行设置。

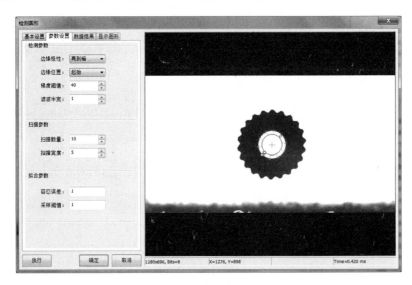

图 7-7

❺ 数值显示：设置结束后，可在"检测圆形"对话框中的"数据结果"选项卡中显示检测的数据，如图 7-8 所示。

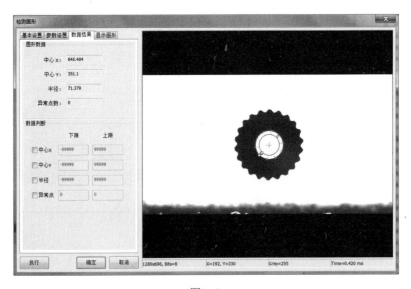

图 7-8

❻ 执行完毕后，可在 CKVisionBuilder 中的"流程栏"选项卡中看到执行状态，如图 7-9 所示。

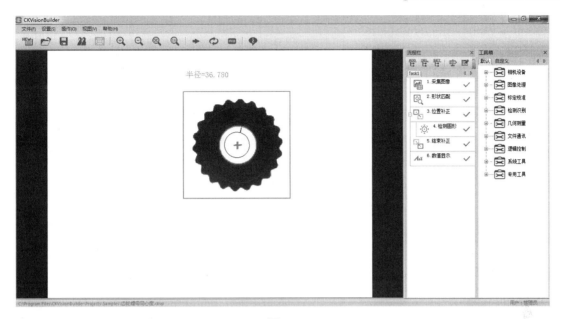

图 7-9

7.3 轮廓测量

轮廓测量主要用于检测指定区域内测量对象的所有轮廓信息。一般的轮廓测量步骤包括采集图像、形状匹配、位置补正、轮廓检测、数值显示等。

基于 CKVisionBuilder 实现轮廓测量的过程如下：

❶ 采集图像：采集预先准备好的图片（JPG 或 BMP 格式），如图 7-10 所示。

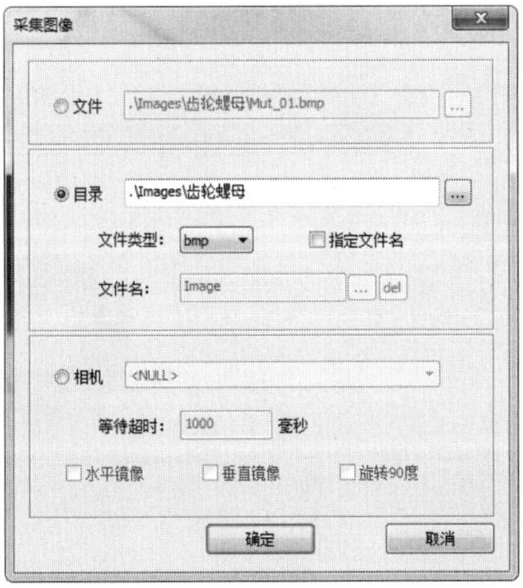

图 7-10

❷ 形状匹配：使用图片的边缘特征作为模板，在图片上搜索相似的目标，如图 7-11 所示。

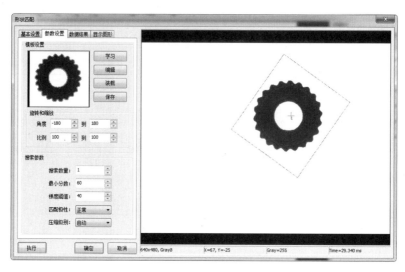

图 7-11

❸ 位置补正：令测量区域随着图片的变化而变化，即在"原点 X"文本框、"原点 Y"文本框、"角度"文本框中输入合适的值，如图 7-12 所示。

图 7-12

❹ 轮廓检测：用于检测产品轮廓、获取轮廓数量及轮廓长度等，如图 7-13 所示。

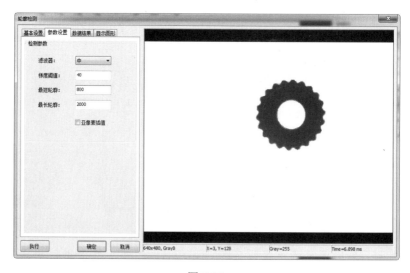

图 7-13

❺ 数值显示：设置结束后，可在"轮廓检测"对话框中的"数据结果"选项卡中显示检测的数据。

❻ 运行程序，程序效果如图 7-14 所示。

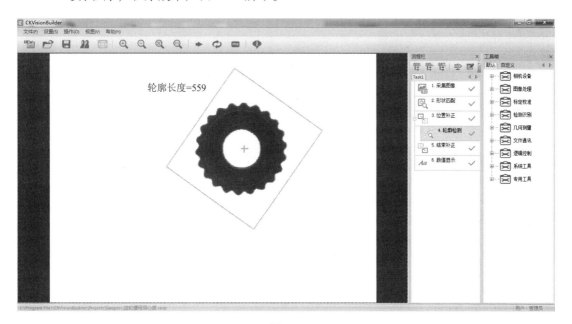

图 7-14

习题及实验

❶ 有哪些常用的距离测量方法？这些方法各有什么特点？

❷ 有哪些常用的圆测量方法？

❸ 利用 CKVisionBuilder 软件检测如图 7-15 所示的手机膜图像，求得左侧边缘与右侧边缘的间距，并将间距显示出来。

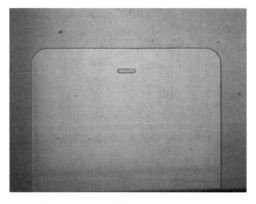

图 7-15

❹ 检测如图 7-16 所示的五环，求得各圆环的圆心及半径。

图 7-16

课外小知识：瓶盖及塑封膜检测

　　某企业研发了一个在灌装、封装完成后的瓶体质量检测系统，即在瓶体加盖、塑封膜热缩完成后，对瓶盖及密封圈进行检测。瓶盖及液位正常的情况如图 7-17（a）所示。

　　对瓶盖及密封圈的主要检测内容包括：

- 瓶盖密封检测：瓶盖是否存在未密封等问题，如图 7-17（b）所示。
- 瓶盖质量检测：瓶盖是否存在歪斜等问题，如图 7-17（c）所示。
- 液位高低检测：瓶装水的液位高度，以及是否灌装液体等。未灌装液体的情况如图 7-17（d）所示。

　　（a）瓶盖及液位正常　　　（b）瓶盖未密封　　　（c）瓶盖歪斜　　　（d）未灌装液体

图 7-17

系统的检测流程如图 7-18 所示。

图 7-18

对图 7-18 的说明如下。

- 边定位：用于定位瓶盖的左边缘，防止因产品的来料位置不一致导致检测工具无法准确检测。

- 对比度：用于瓶盖的密封检测，当瓶盖未密封时，对比度会超过 50（单位：pix）。对瓶盖进行密封检测，如图 7-19 所示。

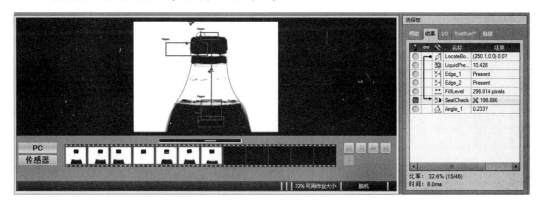

图 7-19

- 距离测量：用于液位的高度检测，即通过测量两条直线间的距离判断液位是否合格：正常的液位高度为 310±10（单位：pix），低于或高于正常值则被视为液位不合格。对液位高度进行检测，如图 7-20 所示。

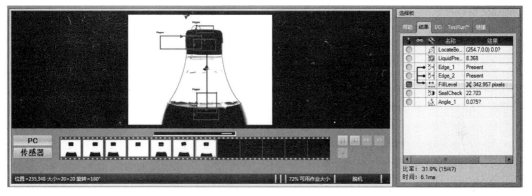

图 7-20

- 角度测量：用于检测瓶盖是否歪斜，即测量瓶盖的上边沿与水平线之间的角度，正常的角度为 0°，允许公差为 0°～1.5°。对瓶盖歪斜进行检测，如图 7-21 所示。

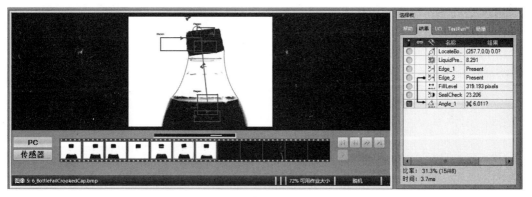

图 7-21

- 检测结果：只有在对比度、距离测量、角度测量的检测结果均合格，最终的检测结果才为合格，否则为不合格。

瓶体质量检测系统具有以下特点：

- 高速检测：平均每分钟可检测300个瓶子。
- 实时统计：软件具有实时统计功能，可以实时显示检测总数、合格总数、不合格总数等，便于统计生产合格率。
- 实时监测：可通过屏幕实时观察检测状态。
- 操作简单：软件使用简单、操作方便。

第 8 章

目标定位技术

学习重点

- 形状匹配
- 灰度匹配
- 坐标校准
- 测量标定

目标定位技术是在高速生产线的检测、抓取等过程中应用的关键技术。通过目标定位技术能够识别、确定零件的位置和方向，并将结果直接传输到搬运物体的设备中。通过机器视觉进行目标定位，可提高生产的柔性和自动化程度。在一些不适合人工作业的危险环境中，或者应用人工视觉难以满足定位要求的场合中，常常利用机器视觉替代人工视觉进行目标定位。

8.1 形状匹配

通过形状匹配，可以处理图像中的杂点、遮挡，以及因缩放、非线性照明变换等引起的轻微变形等，还可以在不受光线变化影响的情况下处理多个通道的图像。形状匹配的操作，主要是通过图像的边缘轮廓特征作为模板，在图像中搜索形状相似的目标。在这一过程中，可以设置角度、比例、范围等。

基于 CKVisionBuilder 软件实现形状匹配的过程如下。

❶ 选择"工具箱"→"图像处理"→"采集图像"，如图 8-1 所示。在弹出的"采集图像"对话框中选择需要采集的图像，单击"确定"按钮，如图 8-2 所示。

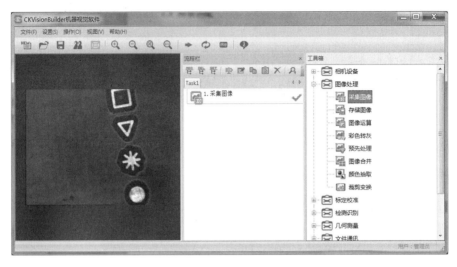

图 8-1

图 8-2

❷ 选择"工具箱"→"检测识别"→"形状匹配",如图 8-3 所示,即可打开"形状匹配"对话框。

❸ 在"形状匹配"对话框中的"参数设置"选项卡中,单击"学习"按钮,将 ROI 拖动到需要作为模板的图像区域,单击"确定"按钮进行模板学习,如图 8-4 所示。

❹ 单击"编辑"按钮,即可打开"编辑模板"对话框,如图 8-5 所示。在该对话框中,可对模板的参数进行设置。

> **注意:** ROI(Region Of Interest,感兴趣区域)是在被处理的图像中,以方框、圆、椭圆、不规则多边形等方式勾勒出的需要处理的区域。

图 8-3

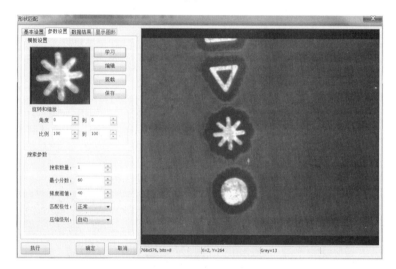

图 8-4

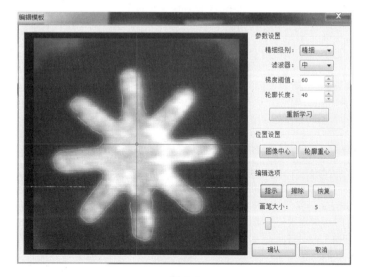

图 8-5

- "精细级别"下拉列表: 用于设置模型的精细度, 有"精细""一般""粗糙"3种模式。"精细"模式无压缩, 精度最高, 但速度比较慢; "一般"模式将模型压缩至原有大小的1/2; "粗糙"模式将模型压缩至原有大小的1/4, 精度最低, 但速度最快。

- "滤波器"下拉列表: 可以通过滤波器增强边缘效果, 但也会丢失细节。在"滤波器"下拉列表中有"低""中""高"3个选项, 默认选择"中"选项。

- "梯度阈值"文本框: 在提取边缘轮廓时使用的参数。如果边缘对比度较差, 则需要降低"梯度阈值"文本框中的值; 如果目标图像的边缘清晰, 则可以将"梯度阈值"文本框中的值设置得较高, 取值范围为 0~255。

- "轮廓长度"文本框: 用于过滤轮廓, 长度小于该值的轮廓将会被删除。

- "重新学习"按钮: 当修改参数后需要单击"重新学习"按钮来获得新的边缘轮廓。

- "编辑选项"选项组: 通过"编辑选项"选项组可手动编辑模板。例如, 单击"擦除"或"恢复"按钮, 可对边缘轮廓进行擦除或恢复。

- 标记点: 画面中的十字标记━为模板的标记点, 可通过单击操作选取标记点, 并调整位置。

❺ 返回到"参数设置"选项卡, 可在"角度""比例""搜索数量""最小分数""梯度阈值"等文本框中输入合适的值, 并在"匹配极性""压缩级别"下拉列表中选择合适的选项, 如图8-6所示。

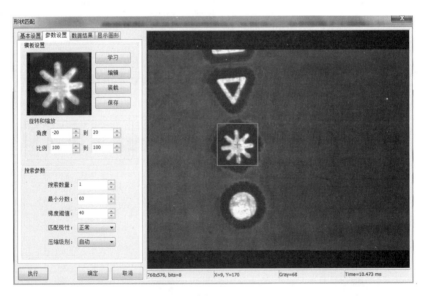

图 8-6

- "角度"文本框: 用于设置被搜索目标相对于模板的角度范围(单位: °), 取值范围为 -180~180。

- "比例"文本框: 用于设置被搜索目标相对于模板的比例范围, 取值范围为 80~120。

- "搜索数量"文本框: 用于设置最多被允许搜索到的目标图像数量。

- "最小分数"文本框：用于表示目标图像和模板的相似程度，分数越高，则相似程度越高。目标图像的分数必须大于"最小分数"文本框中的值才能被搜索到。"最小分数"文本框中的值将影响搜索速度，其最大值为100，表示完全匹配。

- "梯度阈值"文本框：用于提取边缘轮廓时使用的参数，取值范围为0~255，一般设为40即可。如果目标图像的边缘对比度较差，则需要降低"梯度阈值"文本框中的值；如果目标图像的边缘清晰，则可将"梯度阈值"文本框中的值设置得较高。"梯度阈值"文本框中的值将影响搜索速度。

- "匹配极性"下拉列表：可在"匹配极性"下拉列表中选择"正常"选项或"反转"选项。"正常"选项表示目标图像和模板的极性相同；"反转"选项表示目标图像和模板的极性相反。

- "压缩级别"下拉列表：在搜索的过程中，对图像进行压缩处理可提升搜索速度，但也会降低识别率，一般选择"自动"选项即可。

❻ 查看输出结果是否跟随模板进行变化，如图8-7所示。

图 8-7

8.2　灰度匹配

灰度匹配基于灰度模板，用于计算其灰度值与目标图像的灰度值之间的相似度，并检测在图像的指定区域内与模板相似的目标图像数量（允许目标图像和模板之间存在一定的亮度差别），以及定位、计数和判断有无等。

基于CKVisionBuilder实现灰度匹配的过程如下：

❶ 选择"工具箱"→"图像处理"→"采集图像"，如图8-8所示。在弹出的"采集图像"对话框中，选择需要采集的图像，单击"确定"按钮，如图8-9所示。

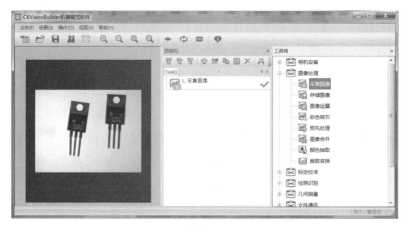

图 8-8

图 8-9

❷ 选择"工具箱"→"检测识别"→"灰度匹配",如图 8-10 所示,此时将弹出"灰度匹配"对话框。

图 8-10

❸ 在"灰度匹配"对话框中打开"参数设置"选项卡,单击"学习"按钮,将 ROI 拖动到需要作为模板的图像区域,单击"确定"按钮完成模板学习的操作,如图 8-11 所示。

图 8-11

❹ 可在"参数设置"选项卡中的"搜索数量""最小分数"文本框中输入合适的值,勾选或取消勾选"亚像素插值"复选框。

- "搜索数量"文本框:用于设置最多被允许搜索到的目标图像数量。
- "最小分数"文本框:用于表示目标图像和模板的相似程度,分数越高,则相似程度越高。目标图像的分数必须大于"最小分数"文本框中的值才能被搜索到。"最小分数"文本框中的值将影响搜索速度,其最大值为 100,表示完全匹配。
- "亚像素插值"复选框:若勾选"亚像素插值"复选框,则可提升定位精度。

❺ 查看输出结果是否跟随模板变化,如图 8-12 所示。

图 8-12

8.3 坐标校准

坐标校准的目的是，找出图像坐标系和目标图像所在坐标系之间的关系。可通过坐标校准操作，计算出两个坐标系之间的夹角 α，并根据图像坐标系中的 x'、y'计算目标图像所在坐标系的 x、y。"坐标校准"对话框如图 8-13 所示。

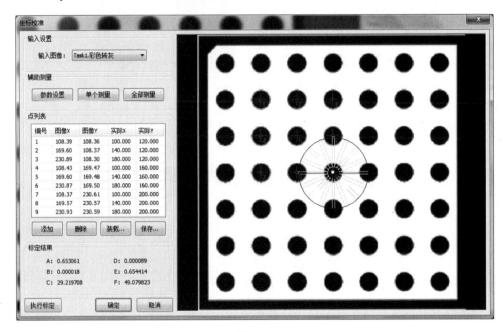

图 8-13

- "添加"按钮：用于添加测量点，测量点的数量不能超过 9 个。
- "删除"按钮：用于删除当前选中测量点的坐标数据。
- "装载"按钮：用于从文件中装载测量点的坐标数据。
- "保存"按钮：用于将测量点的坐标数据保存到文件中。
- "参数设置"按钮：用于进行测量点的参数属性设置。
- "单个测量"按钮：用于对图像上的单个测量点进行测量，并获取其图像坐标。
- "全部测量"按钮：用于对图像上的所有测量点进行测量，并获取其图像坐标。

"标定结果"选项组中的 A、B、C、D、E、F，可根据下式进行计算：

$$[x' \; y' \; 1]=[x \; y \; 1]\begin{bmatrix} A & B & 0 \\ C & D & 0 \\ E & F & 1 \end{bmatrix} \tag{8-1}$$

式中，A、B、C、D、E、F 为矩阵系数；x'、y'为测量点的实际坐标；x、y 为测量点的图像坐标。

8.4　测量标定

测量标定是通过测量已知尺寸的标准件来计算像素单位与物理单位的转换比例。"测量标定"对话框如图 8-14 所示。

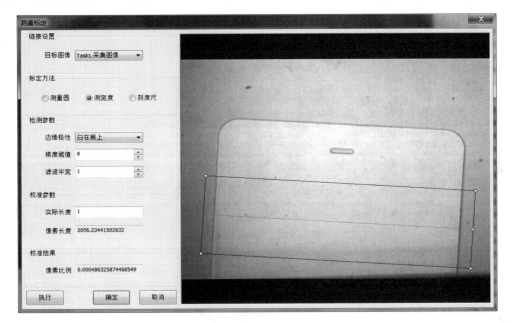

图 8-14

对"测量标定"对话框中的选项说明如下。

- "目标图像"下拉列表：选择用于测量标定的图像，仅支持 8 位灰度图像。
- "标定方法"选项组：可以选择测量圆形物体、标准块的宽度、刻度尺上的刻度。
- "边缘极性"下拉列表：选择要测量的目标图像是"白在黑上"还是"黑在白上"。
- "梯度阈值"文本框：表示边缘的清晰度，取值范围为 0 ~ 255。
- "滤波半宽"文本框：用于增强边缘和抑制噪声干扰，最小值为 1。如果边缘模糊不清或存在噪声干扰，则可增大"滤波半宽"文本框中的值，从而使得检测结果更加稳定；如果边缘之间挨得太近（距离小于"滤波半宽"文本框中的值），则会影响边缘位置的精度，甚至令边缘消失，所以应根据实际情况对"滤波半宽"文本框进行设置。
- "实际长度"文本框：用于设置目标图像的实际尺寸。若在"标定方法"选项组中选中"测量圆"单选按钮，则测得的实际尺寸为半径；若在"标定方法"选项组中选中"测宽度"单选按钮，则测得的实际尺寸为宽度值；若在"标定方法"选项组中选中"刻度尺"单选按钮，则测得的实际尺寸为单个刻度值。
- "像素长度"文本框：用于设置被测物的像素尺寸。
- "像素比例"文本框：用于设置被测物的实际长度与像素长度的比值。

　　由于放置位置的不同，可能会造成实际的宽度值与测得的像素长度不一致：实际的宽度值（单位：mm）如图 8-15 所示；测得的像素长度（单位：pix）如图 8-16 所示。

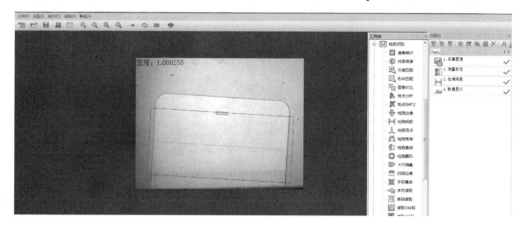

图 8-15

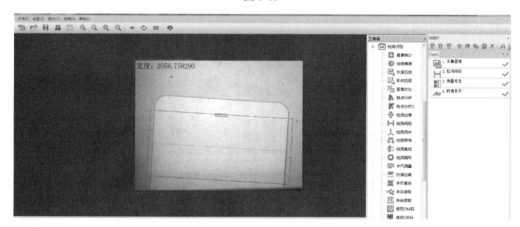

图 8-16

习题及实验

❶ 简述在 CKVisionBuilder 软件中实现形状匹配的过程。

❷ 简述形状匹配与灰度匹配的区别。

❸ 请完成如图 8-17 所示的示意图的坐标校准。

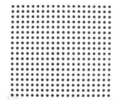

图 8-17

课外小知识：嵌入式 CCD 自动对位系统

半导体/电子零件等自动化制造设备都需要使用到自动对位装置。例如，嵌入式 CCD 自动对位系统（TVA-10）可通过摄像头轻松进行高精度定位。

嵌入式 CCD 自动对位系统可自动识别并处理相机拍摄的定位点，并控制 3 轴移动平台（X 轴、Y 轴、θ 轴）进行自动对位；通过自动校准功能检测相机位置、相机角度、光学参数、3 轴移动平台的坐标数据等。

嵌入式 CCD 自动对位系统的特点如下。

- 最多支持 5 个相机同时进行自动对位。
- 应用亚像素级的对位算法，对位精度可达 5μm。
- 可将相机安装在任意位置，具有自动标定功能。
- 支持多种不同类型的对位平台。
- 采用嵌入式设计，性能稳定。
- 可对应任意形状的靶标，并保存多组靶标的模板信息。
- 主机小巧、轻便，可方便地集成到各种工业设备中。
- 可通过串口或 DIO 口，与 PLC 或上位机通信。
- 上位机可通过串口完全控制该系统。
- 不用安装操作系统，开机即可运行，即便掉电，也不损伤系统。
- 支持专门的工业键盘操作。

嵌入式 CCD 自动对位系统的构成如图 8-18 所示。

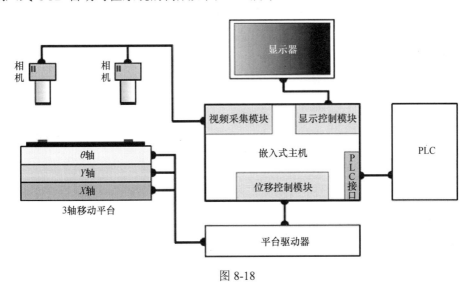

图 8-18

嵌入式 CCD 自动对位系统采用亚像素级的对位算法，可快速实现高精度定位。通过对定位参照点的识别计算被测物的偏移量，并控制对位平台反向移动相应的偏移量，从而纠正被测物的位置，实现自动对位。自动对位的原理如图 8-19 所示。

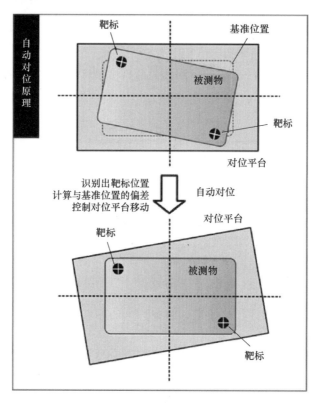

图 8-19

机器视觉软件 CKVisionBuilder 基础

学习重点

- CKVisionBuilder 软件的界面说明
- CKVisionBuilder 软件的工具应用
- CKVisionBuilder 软件的实例应用

9.1 CKVisionBuilder 软件的界面说明

CKVisionBuilder 是一款通用型智能机器视觉软件，能够降低机器视觉检测系统的复杂度，以及对工程人员的技术要求。不用编写任何代码，仅通过将各个功能模块简单组合的操作，就可以搭建一个复杂的机器视觉检测系统。

CKVisionBuilder 机器视觉软件（以下简称 CKVisionBuilder 软件）不仅包含定位、测量、检测和识别等功能，还拥有强大的逻辑处理能力，可以同时处理多个检测任务。CKVisionBuilder 软件极具高效性和灵活性，可以满足大多数的客户需求。CKVisionBuilder 软件的特点：工具模块化，算法丰富；即拖即用，操作简单；支持二次开发和多种通信方式。

CKVisionBuilder 软件仅支持 Windows 系统，建议使用 Windows XP、Windows 7、Windows 8 系统，同时建议使用 32 位系统（很多相机没有 64 位驱动，只有 32 位驱动），暂不支持 Linux、Mac OS、FreeBSD 等系统。

在利用 CKVisionBuilder 软件连接 GigE（千兆网口）相机前，需要通过右键单击"计算机"图标，在弹出的快捷菜单中选择"计算机管理"→"设备管理器"，打开"设备管理器"对话框。右键单击"网络适配器"选项下的网卡，在弹出的快捷菜单中选择"属性"选项，打开网卡的属性对话框。切换到"高级"选项卡，如图 9-1 所示。在"属性"列表中选择"巨型帧"选项，在"值"下拉列表中选择"9KB MTU"选项。

图 9-1

在使用任何品牌的相机之前，都需要安装相机的驱动、连接相机的电源线和数据线。在成功安装驱动后，可通过选择"工具箱"→"相机设备"，打开相应的相机，如图 9-2 所示。

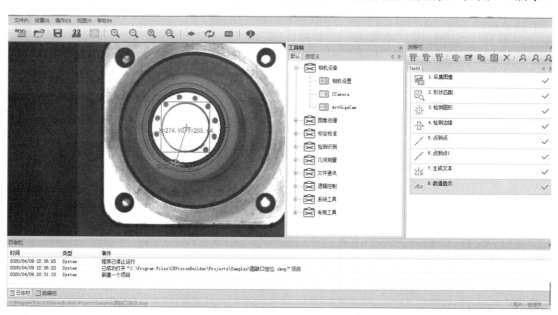

图 9-2

CKVisionBuilder 软件的主界面如图 9-3 所示。

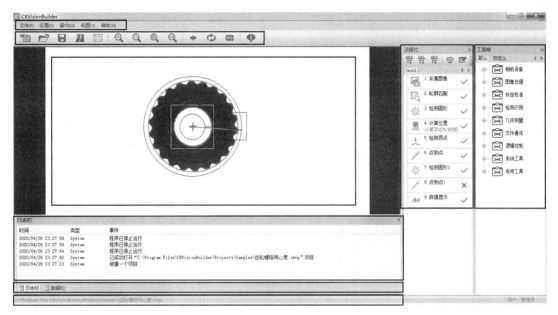

图 9-3

1. 菜单栏

在菜单栏中有"文件""设置""操作""视图""帮助"共 5 个菜单，在各菜单中又分别具有不同的功能设置和操作子菜单（此处菜单栏的功能与 Word 大体相同，这里不再赘述）。

2. 工具栏

在工具栏中包含一些常用的图标，对各图标的功能说明如下。

- ：用于新建一个项目工程。
- ：用于从文件中加载一个项目工程。
- ：用于将当前项目工程保存到文件中。
- ：用于切换当前的用户类型。
- ：用于切换到全屏显示模式。
- ：用于放大显示当前选择的图像画面。
- ：用于缩小显示当前选择的图像画面。
- ：用于根据视图大小自动适应当前选择的图像画面比例。
- ：用于 1 倍显示当前选择的图像画面。
- ：单次执行工作流程。
- ：循环执行工作流程。
- ：停止执行工作流程。
- ：显示软件的相关信息。

3. 显示区域

显示区域用于显示用户自定义的界面，包括图像、文本和按钮等用户控件。在新建项目时，会自动生成一个图像画面。若在图像画面中单击鼠标左键不放，即可移动图像；若单击鼠标右键，即可弹出如图 9-4 所示的快捷菜单。

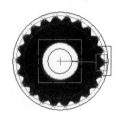

图 9-4

对快捷菜单中的各选项说明如下。

- "放大"选项：用于放大显示当前选择的图像画面。
- "缩小"选项：用于缩小显示当前选择的图像画面。
- "适应"选项：用于根据视图大小自动适应当前选择的图像画面比例。
- "还原"选项：用于1倍显示当前选择的图像画面。
- "颜色编码"选项：可以选择灰度编码和三种伪彩色编码。
- "保存原始图像"选项：用于保存不包含图形的原始图像（灰度图像的位数为8位；彩色图像的位数为24位）。
- "保存带图形图像"选项：用于保存带有图形和文字的图像（灰度图像的位数为8位；彩色图像的位数为24位）。

4. "流程栏"选项卡

"流程栏"选项卡用于显示、编辑项目的检测流程，仅在管理员用户下可见。"流程栏"选项卡分成两部分：编辑工具栏、编辑区域，如图9-5所示。

图 9-5

对编辑工具栏中主要图标的功能说明如下：

- ：用于添加一个新流程。
- ：用于删除当前流程。
- ：用于设置当前流程。
- ：用于修改当前所选工具的属性。
- ：用于修改当前所选工具的名称和注释信息。
- ：用于复制当前所选工具。
- ：用于将已复制的工具粘贴到流程中。
- ：用于删除当前所选的工具。
- ：用于查找上一个同类型的工具。
- ：用于查找下一个同类型的工具。

编辑区域用于编辑当前所选的流程。在编辑区域中可以选择流程，也可以修改流程的属性。若使用鼠标上下移动各流程，即可调整流程的执行顺序。各流程右侧的 ✔ 图标表示流程执行完毕；✘ 图标表示流程未执行；⊘ 图标表示流程被屏蔽，被屏蔽的流程将不会被执行。右键单击某一流程，即可弹出如图 9-6 所示的快捷菜单。

图 9-6

对快捷菜单中的各选项说明如下。

- "属性"选项：用于设置流程的属性（不同的流程，其属性也不同）。
- "名称"选项：用于修改流程名称和注释。
- "应用到"选项：用于将当前所选流程的参数复制到其他同类型的流程中。
- "显示"选项：用于将图像数据显示到当前所选的图像画面控件中。
- "激活"选项：若显示 ✔ 图标，则当前所选流程处于激活状态，否则处于被屏蔽状态。
- "复制"选项：用于复制当前所选的流程。
- "粘贴"选项：用于将已复制的流程粘贴到当前所选流程的下一位置。
- "删除"选项：用于删除当前所选的流程。

5. "工具箱"选项卡

在"工具箱"选项卡中，列出了当前可以使用的检测工具（在不同的软件版本中，可以使用的检测工具略有不同），如图 9-7 所示。

图 9-7

对主要检测工具的说明如下。

- "相机设备"工具：用于显示当前支持的相机设备。
- "图像处理"工具：用于执行图像采集、存储和预处理等操作。
- "标定校准"工具：用于执行位置修正和单位转换等操作。
- "检测识别"工具：包括各种检测功能的工具，可进行定位、测量和检查等操作。
- "几何测量"工具：用于对结果数据进行几何运算。
- "文件通讯"工具：用于设置通信端口，以及接收、发送数据或信号。
- "逻辑控制"工具：用于控制流程的逻辑功能。

6. "数据栏"选项卡

"数据栏"选项卡用于显示检测结果：第 1 列默认为"编号"，数据每增加一行，则"编号"自动加 1；从第 2 列开始为自定义的数据列。选中"数据栏"选项卡中的某一行，单击鼠标右键，即可弹出如图 9-8 所示的快捷菜单。

编号	左圆半径	右圆半径	左右圆心距
9	30.057	30.195	227.711
8	30.093	30.303	清除数据(C)
7	30.047	30.267	保存数据(S)...
6	30.047	30.143	装载数据(L)...
5	30.083	30.189	分析数据(A)...
4	30.093	30.217	
3	30.126	30.268	
2	30.163	30.183	227.682

图 9-8

对快捷菜单中的各选项说明如下。

- "清除数据"选项：用于清除所选行的所有数据。

- "保存数据"选项：用于将所选行中的所有数据保存到文件中。
- "装载数据"选项：用于将文件中的数据导入到所选行中（文件中的数据格式必须与所选行中的数据格式一致）。
- "分析数据"选项：用于对所选行中的数据进行分析。

右键单击"数据栏"选项卡中的标题栏，即可弹出如图 9-9 所示的快捷菜单。若选择"设置字段"选项，则会弹出"字段设置"对话框，如图 9-10 所示。

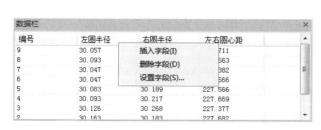

图 9-9

图 9-10

对"字段设置"对话框中的选项说明如下。

- "名称"文本框：用于设置字段的名称。
- "宽度"文本框：用于设置字段的宽度。
- "参与数据分析"复选框：用于设置是否允许该数据参与数据分析。

7. "日志栏"选项卡

"日志栏"选项卡用于记录当前软件的运行信息，以及流程中的自定义信息（可使用"生成文本"工具编写日志）。在"日志栏"选项卡中单击鼠标右键，即可弹出如图 9-11 所示的快捷菜单。

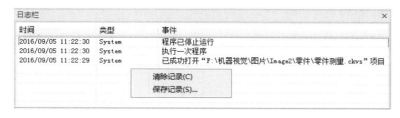

图 9-11

对快捷菜单中的各选项说明如下。

- "清除记录"选项：用于清除"日志栏"选项卡中的所有记录。
- "保存记录"选项：用于将日志记录保存到文件中。

8. "快捷栏"选项卡

"快捷栏"选项卡如图 9-12 所示，仅用户可见，但管理员可以设置哪些工具能够显示在

"快捷栏"选项卡中。双击"快捷栏"选项卡中的工具名称，即可弹出工具的属性对话框。在该对话框中，允许技术人员对工具的属性进行部分修改，而不用担心技术人员会对其他工具参数和流程的逻辑顺序进行误操作。

图 9-12

9. "用户界面编辑"对话框

在"用户界面编辑"对话框中，允许用户根据自己的需求设计喜欢的运行界面。在管理员的界面中，可依次选择"设置"→"界面设置"，进入"用户界面编辑"对话框，设置效果如图 9-13 所示。

图 9-13

在"用户界面编辑"对话框中，添加消息按钮控件、工具按钮控件、状态文本控件、数值文本控件的操作步骤如下。

❶ 在"用户界面编辑"对话框中的左、右两个区域中分别添加消息按钮控件（通过单击 MSG 图标实现），并双击该控件，可弹出"消息按钮设置"对话框，如图 9-14 所示。例如，在图 9-14（a）中的"显示文本"文本框中输入"读码"，在"流程选择"下拉列表中选择"读码"，在"消息索引"文本框中输入 0；在图 9-14（b）中的"显示文

本"文本框中输入"定位",在"流程选择"下拉列表中选择"定位",在"消息索引"文本框中输入 1。单击图 9-13 中的消息按钮控件,即"读码"按钮和"定位"按钮,即可在弹出的"图像设置"对话框中对显示图像、颜色编码、背景颜色、图形颜色进行设置,如图 9-15 所示。

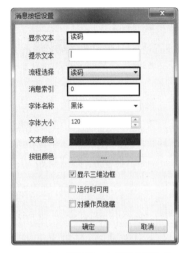

(a) 设置第一个消息按钮控件　　　　　　(b) 设置第二个消息按钮控件

图 9-14

(a) 设置第一个消息按钮控件　　　　　　(b) 设置第二个消息按钮控件

图 9-15

❷ 在"用户界面编辑"对话框中的左、右两个区域中分别添加工具按钮控件(通过单击 **TOOL** 图标实现),并双击该控件,可弹出"工具按钮设置"对话框,如图 9-16 所示。可将流程中的关键工具放在"用户界面编辑"对话框中,以便后续操作。例如,在图 9-16(a)中的"显示文本"文本框中输入"QR 码读取",在"流程选择"下拉列表中选择"读码",在"工具选择"下拉列表中选择"2.读取 QR 码",在"字体大小"文本框中输入 150;在图 9-16(b)中的"显示文本"文本框中输入"轮廓匹配",在"流程选择"下拉列表中选择"定位",在"工具选择"下拉列表中选择"2.轮廓匹配",在"字体大小"文本框中输入 150。

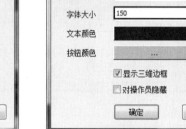

（a）设置第一个工具按钮控件　　　　　（b）设置第二个工具按钮控件

图 9-16

❸ 在"用户界面编辑"对话框中的左、右两个区域中分别添加状态文本控件（通过单击 ^{OK}⁄_{NG} 图标实现），并双击该控件，可弹出"状态文本设置"对话框，如图 9-17 所示。可利用状态文本控件显示所选流程中需要进行判断的工具状态。例如，在图 9-17（a）中的"状态链接"文本框中输入"读码.读取 QR 码.状态"，在"水平对齐"下拉列表中选择 Center，在"字体名称"下拉列表中选择"黑体"，在"字体大小"文本框中输入 120；在图 9-17（b）中的"状态链接"文本框中输入"定位.轮廓匹配.状态"，在"水平对齐"下拉列表中选择 Center，在"字体名称"下拉列表中选择"黑体"，在"字体大小"文本框中输入 120。

（a）设置第一个状态文本控件　　　　　（b）设置第二个状态文本控件

图 9-17

❹ 在图像上方添加两个数值文本控件（通过单击 Text 图标实现），并双击该控件，可弹出"数值文本设置"对话框，如图 9-18 所示。可利用数值文本控件显示重要的文本信息。例如，在 9-18（a）中的"显示文本"文本框中输入"二维码：JGW87912"，即需要显示在运行界面上的信息，在"格式文本"文本框中输入"二维码：%s"（若转换为字符串，则使用"%s"；若转换为整数，则使用"%d"；若转换为浮点数，则使用"%f"）；在 9-18（b）中的"显示文本"文本框中输入"匹配分数：99.45"，在"格式文本"文本框中输入"匹配分数：%0.2f"。

（a）设置第一个数值文本控件　　　　　　　（b）设置第二个数值文本控件

图 9-18

❺ 设置完成后，即可重新运行程序。

9.2 CKVisionBuilder 软件的工具应用

9.2.1 软件工具应用

在某些项目中，可能需要应用工具栏中没有显示的工具。此时，可单击应用程序中的 图标，将弹出"工具模块管理"对话框。在该对话框中，根据需要勾选所需的工具即可。例如，需要添加 Cvs3DTool.dll，操作步骤如下。

❶ 打开"工具模块管理"对话框，勾选 Cvs3DTool.dll 复选框，并单击左上方的"添加"按钮，如图 9-19 所示。

❷ 在如图 9-20 所示的对话框中查看是否出现勾选图标，若出现勾选图标，则表示添加成功；若未出现勾选图标，则表示未添加成功。

❸ 在工具添加成功后，单击"确定"按钮关闭对话框，并重新打开 CKVisionBuilder 软件，即可应用新添加的工具。

图 9-19   图 9-20

9.2.2 相机工具应用

相机工具用于设置相机的参数。Camera 对话框如图 9-21 所示。对 Camera 对话框中的主要选项说明如下。

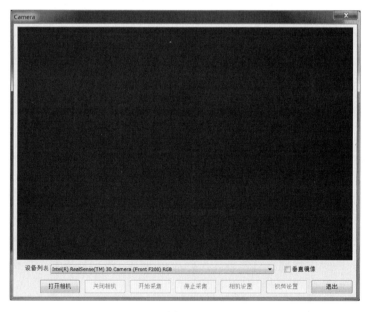

图 9-21

- "设备列表"下拉列表：用于选择当前使用的相机。
- "垂直镜像"复选框：用于在采集图像时进行垂直镜像处理。
- "打开相机"按钮：用于打开当前选择的相机。
- "关闭相机"按钮：用于关闭当前已经打开的相机。
- "开始采集"按钮：相机进入采集模式。

- "停止采集"按钮：相机退出采集模式。
- "相机设置"按钮：用于弹出相机参数的设置对话框。
- "视频设置"按钮：用于弹出视频的设置对话框。

在使用相机工具之前，需要安装相应的相机驱动。例如，本例中使用的相机为 IDS 相机，需要安装 IDS 相机驱动。在安装相机驱动后，如果相机使用的是网口数据线，则需要设置巨型帧，操作步骤如下。

❶ 选择"开始"→"控制面板"→"网络和共享中心"→"更改适配器设置"→"本地连接"→"更改此连接的设置"，打开"本地连接 属性"对话框，如图 9-22 所示。

❷ 单击"配置"按钮，弹出适配器的属性对话框。切换到"高级"选项卡，在"属性"列表中选择"巨型帧"选项，在"值"下拉列表中选择"9KB MTU"选项，如图 9-23 所示。

图 9-22

图 9-23

❸ 在准备工作完成后，打开 Camera 对话框，即可在"设备列表"下拉列表中选择相应的相机型号。

> **注意**：如果相机的数据线是 USB 3.0，则需要安装 USB 3.0 的驱动，连接 3.0 的 USB 端口；如果相机的数据线是 USB 2.0，则会影响相机的处理速度。

在通过相机采集的图像不清晰时，可通过"设置"对话框中的参数进行调节，如图 9-24 所示。

- 像素时钟会影响相机的帧率。
- 帧率是相机在单位时间内处理像素的速度，帧率越大，则处理速度越快。
- 曝光时间是相机芯片感光所用的时间，曝光时间越短，则感光越快。

因此，相机在瞬间处理图像的速度由帧率和曝光时间共同决定。

（a）"相机"选项卡　　　　　（b）"增益"选项卡　　　　　（c）"尺寸"选项卡

图 9-24

9.3　CKVisionBuilder 软件的实例应用

9.3.1　条码读取

条码读取的操作步骤如下。

❶ 打开"CKVisionBuilder 机器视觉软件"界面，在"工具箱"选项卡中添加所需的工具，如图 9-25 所示。

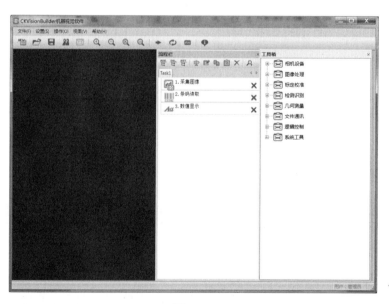

图 9-25

❷ 在"流程栏"选项卡中，双击"采集图像"选项，即可弹出"采集图像"对话框，如图 9-26 所示。

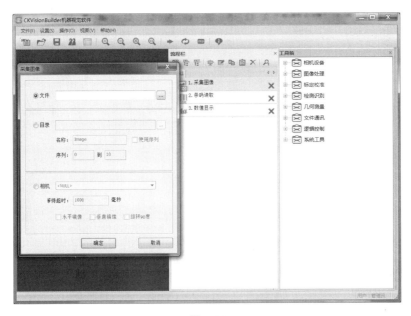

图 9-26

❸ 单击"文件"选项后的 □ 按钮，弹出"选择图像"对话框。可在"选择图像"对话框中选择目标图像（可选择一张或多张图像），单击"打开"按钮，如图 9-27 所示。

图 9-27

❹ 在"流程栏"选项卡中，双击"条码读取"选项，即可弹出"条码读取"对话框。在"条码读取"对话框中的"输入图像"下拉列表中选择"Task1.采集图像"；在"区域设置"选项组中单击 Null 按钮，即将区域设置为全局，如图 9-28 所示。

图 9-28

❺ 单击"执行"按钮，若能够进行条码读取，则显示绿色的框；若不能进行条码读取，则需要调整"梯度阈值"文本框中的值，如图 9-29 所示。

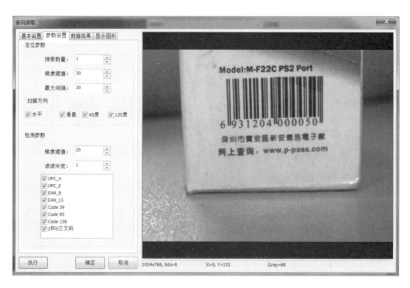

图 9-29

❻ 在"流程栏"选项卡中，双击"数值显示"选项，即可弹出"数值显示"对话框。单击"文本列表"选项组中的"添加"按钮，即可弹出"数值文本"对话框。在"数值文本"对话框中进行相关的设置。单击"数据链接"选项后的 按钮，弹出"数据链接"对话框，如图 9-30 所示。

图 9-30

❼ 在"数据链接"对话框中选中"文本[…]"选项，单击"确认"按钮。设置完成后的"数值显示"对话框如图 9-31 所示。

图 9-31

❽ 执行流程，显示的最终结果如图 9-32 所示。

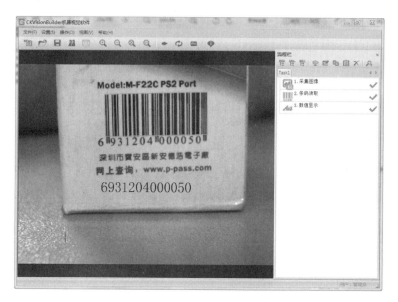

图 9-32

9.3.2 拟合圆

已知多个点的坐标，通过多个点的坐标拟合圆，操作步骤如下。

❶ 打开"CKVisionBuilder 机器视觉软件"界面，在"工具箱"选项卡中添加所需的工具，如图 9-33 所示。

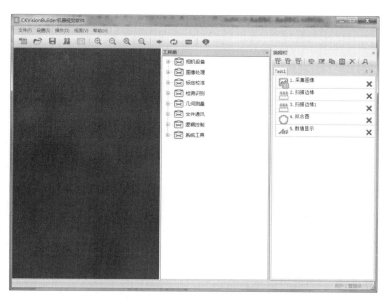

图 9-33

❷ 在"流程栏"选项卡中，双击"采集图像"选项，即可弹出"采集图像"对话框。单击"文件"选项后的 按钮，弹出"选择图像"对话框。可在"选择图像"对话框中选择

目标图像，单击"打开"按钮，如图 9-34 所示。

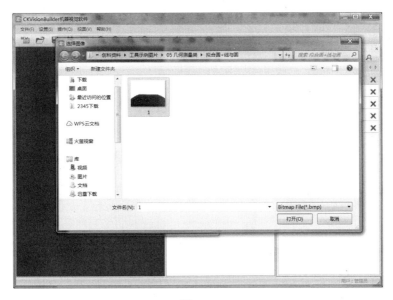

图 9-34

❸ 在"流程栏"选项卡中，双击"扫描边缘"选项，即可弹出"扫描边缘"对话框，如图 9-35 所示。在"扫描边缘"对话框中，拖动扫描工具到需要扫描的边缘位置。在"检测参数"选项组中的"边缘极性"下拉列表中选择"任意"选项；在"扫描参数"选项组中的"扫描数量"文本框中输入 5（扫描数量越多，拟合的圆就越精准）。

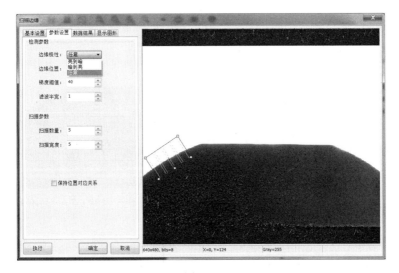

图 9-35

❹ 在"流程栏"选项卡中，双击"拟合圆"选项，即可弹出"拟合圆"对话框。打开"参数设置"选项卡，单击"添加"按钮，弹出"数据链接"对话框。选中"扫描边缘"下的"位置 X[...]"选项，单击"确认"按钮，如图 9-36 所示。

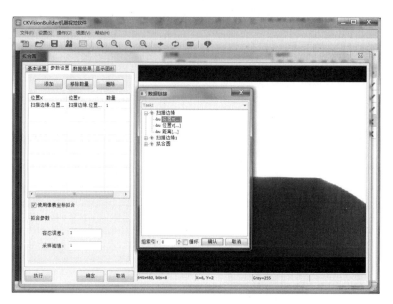

图 9-36

❺ 再次单击"添加"按钮，弹出"数据链接"对话框。选中"扫描边缘"下的"数量"选项，单击"确认"按钮，如图 9-37 所示。

图 9-37

❻ 返回到"CKVisionBuilder 机器视觉软件"界面，如图 9-38 所示，即可看到将要拟合的图像。

❼ 在"流程栏"选项卡中，双击"数值显示"选项，即可弹出"数值显示"对话框。单击"文本列表"选项组中的"添加"按钮，即可弹出"数值文本"对话框。在"数值文本"对话框中进行相关的设置。单击"数据链接"选项后的□按钮，弹出"数据链接"对话框。

❽ 在"数据链接"对话框中选中"文本[...]"选项，单击"确认"按钮。

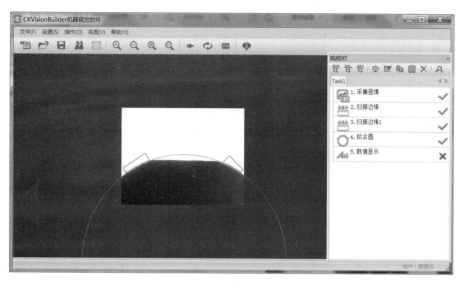

图 9-38

❾ 运行程序，显示的最终结果如图 9-39 所示（"扫描边缘 1"选项与"扫描边缘"选项的设置类似，这里不再赘述）。

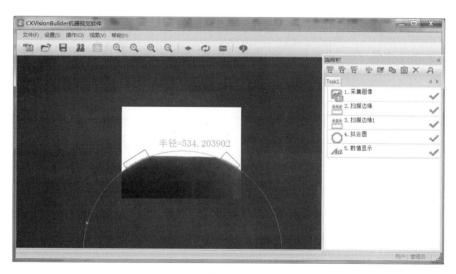

图 9-39

习题及实验

❶ 简述 CKVisionBuilder 软件的主界面构成。

❷ 请简述条码读取的操作步骤。

❸ 简述拟合圆的操作步骤。

❹ 练习读取一个二维条码，并将二维条码显示在"CKVisionBuilder 机器视觉软件"

界面。

    ❺ 练习拟合圆，并显示圆的半径、中心坐标。

课外小知识：利用 DataMan 302X 读取啤酒桶上的二维矩阵条码

为了确保啤酒的灌装量符合标准，位于德国的 Warsteiner 酿酒厂在灌装前、灌装后会对酒桶进行称重。在该过程中，可使用 DataMan 302X 读取贴在啤酒桶上的二维矩阵条码。Warsteiner 酿酒厂通过两个称重步骤确定酒桶在灌装前和灌装后的重量，两者之差即为灌装量。为了在灌装车间实现精确追踪，每个酒桶都有一个二维矩阵条码作为序列号。在第一次称重前，在酒桶底部的不干胶标签上打印一个二维矩阵条码。之后，利用 DataMan 302X 读取打印的标签，并通过 RS-232 将其发送到精密的天平处，当传送带停止时再次称重。

读取二维矩阵条码不是一项容易的工作，原因如下。

- 酒桶有 10L、15L、20L、30L 和 50L 等多种类型，这就意味着其与读码器之间的距离不同。酒桶在沿着传送带移动的过程中会不断旋转，因此，二维矩阵条码的位置也会发生变化。不过这些难题对于 DataMan 302X 而言都不是问题，因为它完全可以处理景深和视野变化的问题。

- 在灌装的过程中，标签和二维矩阵条码会被桶中溢出的啤酒泡沫和清洁装置中的清洁用水浸湿，使其更加难以读取。在对装满的酒桶进行称重时，经常会有高度反射的水滴凝聚在二维矩阵条码上，这对大多数读码器而言都是一个难题。但是，DataMan 302X 配有自己的集成照明，不仅可为 Warsteiner 酿酒厂的第一个称重站提供充足的光线，而且还在第二个称重站设有两个线性照明，能够在黑暗的环境中提供反射表面的最佳对比度。

如果灌装量在给定的公差范围内，则酒桶会被继续运输；如果灌装量不足，则将酒桶卸下，并进行清空、清洗、重新灌装等操作。由于 DataMan 302X 可 100%识别酒桶上的二维矩阵条码，不再需要手工称重，所以，这两个装有 DataMan 302X 的称重站大大节约了 Warsteiner 酿酒厂的生产时间和资金。

经设计，DataMan 302X 能够处理高速生产线上难以读取二维矩阵条码的问题：2DMax+算法能让 DataMan 302X 在同类竞争产品中具有决定性的优势；液体镜头的自动对焦技术能让 DataMan 302X 获得最大的景深；集成照明可为任何应用系统提供最佳照明条件……以上种种设计使得即使在最棘手的条件下，DataMan 302X 也能实现最高的读取率。

第 10 章

机器视觉软件 In-Sight 基础

学习重点

- In-Sight 软件的界面说明
- In-Sight 软件的工具应用
- In-Sight 软件的连接设置
- In-Sight 软件的电子表格
- In-Sight 软件的实例应用

In-Sight 是一款智能机器视觉软件，采用模块化设计，配备成熟的 In-Sight 视觉工具，设置简单，为视觉传感器的高价值、易用性和灵活性设立了新的标准。

10.1 In-Sight 软件的界面说明

In-Sight 软件安装的一般要求：

- 主频为 1.8GHz 的英特尔、赛扬或同级处理器。
- 超过 2GB 的 RAM 可用空间。
- 超过 4GB 的硬盘可用空间。
- 具有 24 位彩色深度、分辨率至少为 1024×768 的视频卡。
- 用于与 In-Sight 视觉系统连接的网络接口卡（传输速率至少为 100Mbps）。

访问 COGNEX 官网（https://www.cognex.cn），通过搜索 In-Sight 选择合适的安装版本（这里选择 In-Sight Explorer 5.5.0），如图 10-1 所示。

下载完成后根据安装向导完成软件的安装。安装成功后在电脑桌面中出现 In-Sight 图标，如图 10-2 所示。

In-Sight 软件的主界面如图 10-3 所示。对主界面的说明如下。

图 10-1

图 10-2

图 10-3

❶ 菜单栏：包括"文件""编辑""查看""图像""传感器""系统""窗口""帮助"等不同菜单。

❷ "应用程序步骤"选项卡：可以使用"设置图像""定位部件""检查部件""输入/输出""通信""保存作业""运行作业"等工具。

❸ 图像预览区：可以选择两种方式（PC和传感器）进行图片的预览。

❹ 结果显示区：用于显示检测的结果、成功/失败的数量、运行时间、检测类型等。

❺ 图像显示区：用于显示被测物的图像。

❻ "选择板"选项卡：用于显示结果、I/O状态、链接数据等。

10.2 In-Sight 软件的工具应用

In-Sight 软件的工具分为位置工具、检查工具两大类。

10.2.1 位置工具

位置工具用于提供位置数据的图像特征，即使部件正在旋转或出现在图像的不同位置，利用图像特征也能在图像中快速、可靠地将其定位。

在位置工具中，包括"PatMax RedLine™图案"工具、"PatMax®图案"工具、"图案"工具、"PatMax RedLine™图案（1-10）"工具、"PatMax®图案（1-10）"工具、"图案（1-10）"工具、"边"工具、"边缘叉点"工具、"斑点"工具、"斑点（1-10）"工具、"颜色斑点"工具、"颜色斑点（1-10）"工具、"圆"工具、"计算固定原点"工具。

1. "PatMax RedLine™图案"工具

"PatMax RedLine™图案"工具的应用步骤如下：

❶ 在"位置工具"下选择"PatMax RedLine™图案"工具，如图 10-4 所示。

❷ 从"模型"下拉列表中选择模型区域类型（矩形、圆、圆环、多边形），如图 10-5 所示，将模型区域直接放在模型图像上方，如图 10-6 所示。

图 10-4

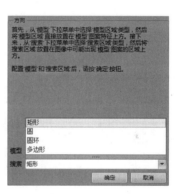

图 10-5

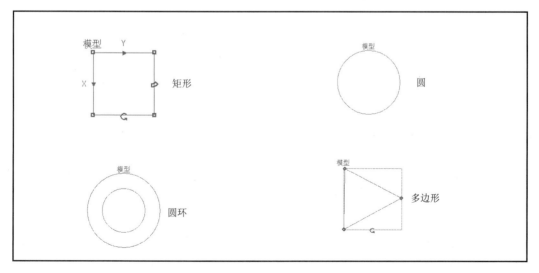

图 10-6

❸ 从"搜索"下拉列表中选择搜索区域类型（矩形、圆、圆环、多边形），如图 10-7 所示。

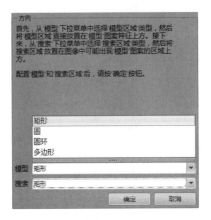

图 10-7

❹ 选择需要训练的图像，单击"确定"按钮。例如，想要训练图 10-8 中的油壶图像（只有确保模型区域处于搜索区域内，才能搜索到需要训练的模型），则在"训练图像"选项卡中出现的图像如图 10-9 所示。

图 10-8 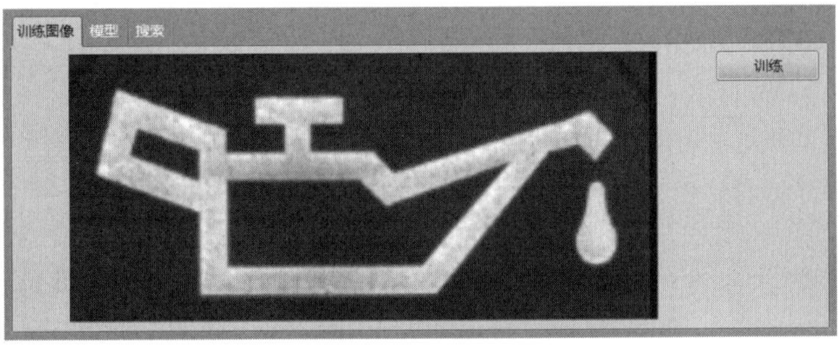   图 10-9

❺ 设置参数，如图 10-10 所示。

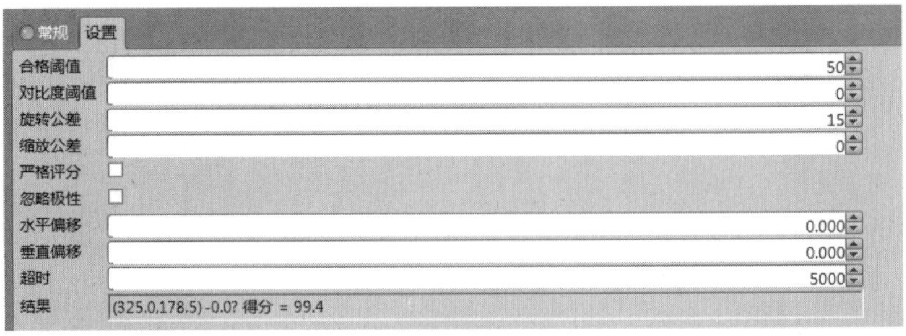

图 10-10

● "合格阈值"文本框：用于定义模型图像和搜索图像之间的相似度（0～100），默认值为 50。超过或等于设置的合格阈值将被视为匹配。若将此参数设置得较高，则执行速度较快（需要模型图像和搜索图像之间存在更高的相似度）；若将此参数设置得较低，则将产生大量相似度较低（模型图像和搜索图像之间）的结果，例如，检测到很多类似于（但不是）模型图像的图像。

- "对比度阈值"文本框：用于表示在已找到的图像中存在的最小可接受对比度。"PatMax RedLine™ 图案"工具的默认对比度阈值为 0，对比度阈值的有效参数范围为 0~100；"PatMax® 图案"工具的默认对比度阈值为 10，对比度阈值的有效参数范围为 0~255。低对比度阈值用于低对比度图像，高对比度阈值用于高对比度图像。

- "旋转公差"文本框：用于表示从模型图像的位置开始旋转至有效图像的限度，默认值为 15°。尽管允许存在更大的图像旋转公差，但势必会增加执行时间。

- "缩放公差"文本框：用于表示已找到图像和模型图像之间允许的缩放百分比（尺寸变化），默认值为 0。例如，在"缩放公差"文本框中输入 5，将查找介于模型图像尺寸的 95%~105% 之间的图案。

- "严格评分"复选框：用于表示已找图像的缺少或遮挡特征是否影响分数（默认值为 Off，即未勾选"严格评分"复选框）。当勾选"严格评分"复选框时，如果图像的特征不存在或被遮挡，则将降低已找到图像的分数。

- "忽略极性"复选框：用于表示已找到的图像是否可以包含与模型图像反色的特征（默认值为 Off，即未勾选"忽略极性"复选框）。当勾选"忽略极性"复选框时，如果检测到的图像具有反色特征（例如，与模型图像中的白色/黑色相对，即黑色/白色），则该图案将被归类为与模型图像匹配。

- "水平偏移"文本框：用于表示模型图像距离已找到图像中心的水平偏移位置（以像素为测量单位）。

- "垂直偏移"文本框：用于表示模型图像距离已找到图像中心的垂直偏移位置（以像素为测量单位）。

注意："PatMax® 图案"工具、"图案"工具、"PatMax RedLine™ 图案（1-10）"工具、"PatMax® 图案（1-10）"工具、"图案（1-10）"工具，与"PatMax RedLine™ 图案"工具的应用方法类似，这里不再赘述。"PatMax RedLine™ 图案"工具、"PatMax® 图案"工具和"图案"工具均可用于定位已训练的图像模型，并且具有较高的准确性。然而，"PatMax RedLine™ 图案"工具、"PatMax® 图案"工具比"图案"工具的功能更强大，不仅可应对灯光条件和位置的更大变化，而且还可对由于图像比例、旋转变化、图像元素遮挡、灯光条件导致的图像外观变化等进行出色识别。应用"PatMax RedLine™ 图案"工具和"PatMax® 图案"工具的主要差别是执行速度："PatMax RedLine™ 图案"工具采用较新的"图案匹配"函数，能够以高出"PatMax® 图案"工具多达 7 倍的速度定位模型图像。因此，"PatMax RedLine™ 图案"工具适合应用在高分辨率的视觉系统中。

在大多数情况下，"图案"工具的执行速度比"PatMax® 图案"工具的执行速度快，但在有些情况下，与"PatMax RedLine™ 图案"工具和"PatMax® 图案"工具相比，其准确性和可靠性不高，例如：

- 当灯光和反射变化难以控制时。
- 当要检查的图案与背景中的某些元素形状或阴影类似时。
- 当要检查的图案与其他对象重叠或被其部分遮挡时。
- 当部署的环境条件对工具的可靠性要求过于苛刻时。

应将模型区域置于训练模型的图案之上，以便确保模型区域仅覆盖图案的重要特征即可。为了提高工具的性能，请创建较小的搜索区域。搜索区域越大，执行检查所需的时间越长。

2. "边"工具

"边"工具的执行速度较快。当边的特征具有高对比度、仅在一个方向上运动（水平方向或垂直方向）并且旋转不超过 10° 时，"边"工具也可用作其他机器视觉系统的定位器。

"边"工具的应用步骤如下。

❶ 在"位置工具"下选择"边"工具，如图 10-11 所示。

❷ 在选中"边"工具后，软件将检测图像，并列出自动检测到的智能特征（以青色突出显示），以及已通过其他工具定义的特征（以绿色突出显示），如图 10-12 所示。

图 10-11

图 10-12

❸ 从可用的特征中选择一个边（单击该边即可，这时其颜色将变为洋红色），单击"确定"按钮，选择前和选择后的对比如图 10-13 所示。

（a）选择前

（b）选择后

图 10-13

❹ 设置边缘定位参数，包括边缘对比度、边缘转换、查找依据等。

- 边缘对比度：用于表示找到的边容许的最小边缘对比度得分（1～100），该值会自动递减，直至检测到边。利用边缘对比度可确定工具的边检测灵敏度，即区别特征和背景的能力。若将此设置与工具的图形连用，则可设置容许的范围。

- 边缘转换：包括"由深到浅""由浅到深""两者"选项，默认值为"两者"选项）。为了增加精度和执行速度，请指定边缘转换的类型。
- 查找依据：用于表示在存在多个边缘时，该工具如何区别找到的边缘，包括"最佳得分""第一条边""最后的边""角度范围"选项（默认值为"最佳得分"选项）；"最佳得分"选项表示具有最佳定义边缘（最高对比度）的边缘特征；"第一条边"选项表示最接近区域扫描方向起点的边缘特征；"最后的边"选项表示最远离区域扫描方向起点的边缘特征；"角度范围"选项表示找到的边缘所允许的角度转换的最大值（0°～10°，默认值为 10°），所允许的角度变化越大，该工具的执行时间越长。

3."边缘交点"工具

"边缘交点"工具可以用来确定两条边的特征交叉点的位置。应用"边缘交点"工具的步骤如下：

❶ 在"位置工具"下选择"边缘交点"工具，如图 10-14 所示。

❷ 在选择"边缘交点"工具后，软件将检测图像，并列出自动检测到的智能特征（以青色突出显示），以及之前已通过其他工具定义的特征（以绿色突出显示），如图 10-15 所示。

图 10-14

图 10-15

❸ 先从可用的特征中选择第一个特征（单击该特征即可，这时其颜色将变为洋红色，并且从该特征中延伸出一条直线），然后选择相交边的特征（第二个特征）。在选择第二个特征后，将自动确定直线的交点，并插入 ✛ 图标，以便指示发现点的位置和方向，如图 10-16 所示。还可在先前未定义的所有边特征中自动插入存在/不存在工具。

（a）选择第一个特征

（b）选择第二个特征

图 10-16

❹ 设置"常规"选项卡，如图 10-17 所示。

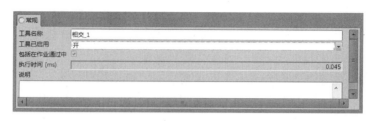

图 10-17

- "工具名称"文本框：用于定义位置工具的名称，在输入、输出和通信时会应用该名称，默认名称为"相交_1"。

- "工具已启用"下拉列表：用于设置位置工具在何时开启，以及是否开启（默认为"开"）。如果要禁用该工具，则选择"关"选项；如果要将工具的执行与表达式的结果联系起来，则选择"表达式"选项（仅在提供"表达式"参数的工具中才启用此选项）；如果要将工具与特定的离散输入行联系起来，则选择"输入"选项，此时可将该工具开启或关闭（高信号 1 表示"开"，低信号 0 表示"关"），通过将工具与输入联系起来，控制系统（如 PLC）便可确定运行哪些工具。

- "包括在作业通过中"复选框：表示是否应将工具的成功/失败状态包括在作业的总体成功/失败状态中。

- "执行时间（ms）"文本框：用于显示该工具执行检查所需的时间，以 ms 为单位。根据图像中画面的复杂性，以及图像内特征的位置和参数中允许的变化量，此时间可能会有所不同。

- "说明"文本框：表示描述工具用途的注释（在默认情况下，该选项为空），可以输入多达 255 个字母、数字、字符。

4."斑点"工具和"斑点（1-10）"工具

"斑点"工具和"斑点（1-10）"工具用于定位斑点，并报告找到的斑点中心的坐标："斑点"工具用于定位单个斑点；"斑点（1-10）"工具可定位多达 10 个与检测标准匹配的斑点。"斑点"工具的应用步骤如下：

❶ 在"位置工具"下选择"斑点"工具，如图 10-18 所示。

❷ 从"形状"下拉列表中选择区域类型：矩形（默认值）、圆、圆环或多边形，如图 10-19 所示。

图 10-18

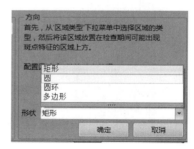

图 10-19

❸ 为了提高"斑点"工具的性能，请创建较小的检测区域：检测区域越大，执行检测所需的时间越长，如图 10-20 所示。

❹ 设置"设置"选项卡中的参数，如图 10-21 所示。

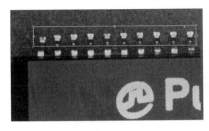

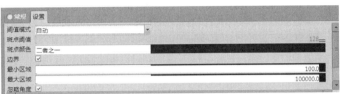

图 10-20　　　　　　　　　　　　　　　　图 10-21

- "阈值模式"下拉列表：用于确定从背景中分离斑点的灰度值模式。如果选择"自动"选项（默认值），则在每次采集图像工具时均会针对不同图像间的亮度变化进行调整；如果选择"手动"选项，则需要手动输入和调整灰度值模式。

- "斑点阈值"文本框：用于显示从背景中分离斑点的灰度值（0～255）。在默认情况下，此控件为灰度状态，即"关"。若要启用此控件，则需要在"阈值模式"下拉列表中选择"手动"。

- "斑点颜色"下拉列表：用于表示斑点的颜色，包括"黑色""白色""二者之一"选项，默认值为"二者之一"："二者之一"选项表示对斑点颜色没有要求；"黑色"选项表示只返回灰度值在斑点阈值以下的斑点；"白色"选项表示只返回灰度值在斑点阈值以上的斑点。

- "边界"复选框：用于管理与斑点区域边界相交的斑点。若未选中"边界"复选框，则检测区域不包括与区域边界相交的斑点，即斑点必须完全位于要检测的区域内部；若选中"边界"复选框，则检测区域包括与区域边界相交的斑点，即只要相交的斑点符合条件，就会对其进行检测。

- "最小区域"文本框：设置范围为 0～900000，默认值为 100，用于为所有检测的斑点定义最小的面积限制，即只识别面积大于"最小区域"文本框中的值的斑点。

- "最大区域"文本框：设置范围为 0～900000，默认值为 100000，用于为所有检测的斑点定义最大的面积限制，即只识别面积小于"最大区域"文本框中的值的斑点。

"斑点（1-10）"工具的使用方法与"斑点"工具类似，仅新增了一个参数，即"要查找的数量"文本框，用于输入需要查找的斑点数量（1～10，默认值为 1），如图 10-22 所示。要查找的斑点越多，该工具的执行时间越长。

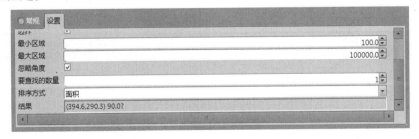

图 10-22

5. "圆"工具

"圆"工具用于定位符合指定参数的圆特征。利用"圆"工具识别边缘特征的速度比较快。在检查圆形对象或不旋转的对象时，"圆"工具也可用于定位其他机器视觉对象。

"圆"工具的应用步骤如下：

❶ 在"位置工具"下选择"圆"工具，如图 10-23 所示。在选择一个圆作为固定原点时，要确保它在每个图像中出现在大致相同的位置，并在亮像素和暗像素之间具有高对比度。

❷ 将围绕固定原点自动创建圆环区域（洋红色），在选中圆环区域后，该圆环区域将显示为绿色，如图 10-24 所示。

图 10-23　　　　　　　　　　　图 10-24

❸ 设置参数，包括边缘对比度、边缘转换、查找依据等。其设置方法与"边"工具的设置方法大体相同，这里不再赘述。

6. "计算固定原点"工具

"计算固定原点"工具用于根据其他位置工具或检查工具的输出计算固定原点的位置。

"计算固定原点"工具的应用步骤如下。

❶ 在"位置工具"下选择"计算固定原点"工具，如图 10-25 所示。

❷ 设置 X、Y 及"角度"选项卡。例如，可通过左窗格中的"数学"选项输入数学函数，以及通过右窗格中的"输入"选项输入工具和作业数据，从而构建表达式，如图 10-26 所示。

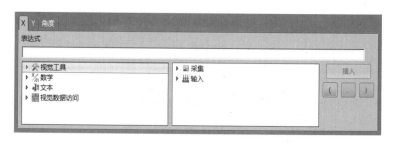

图 10-25　　　　　　　　　　　图 10-26

❸ 设置参数，包括两个选项卡："常规"选项卡和"设置"选项卡，用于显示计算出的 X、Y 及"角度"值，并设置颜色，如图 10-27 所示。

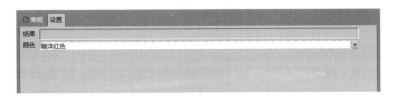

图 10-27

10.2.2　检查工具

检查工具包括存在/不存在工具、测量工具、计数工具、产品识别工具、几何工具、数学逻辑工具、绘图工具、图像滤波工具、缺陷检测工具、校准工具，如图 10-28 所示。

图 10-28

> 注意：如果要使用与颜色有关的工具，则必须连接彩色视觉系统或彩色模拟器。

在选择检查的图案时，为了确保获得最佳效果，可考虑以下选择图案的原则：

- 在每个图像中均出现想要检查的图案。
- 想要检查的图案应尽可能多地包含独特、一致的现有特征，而且现有特征的外观和几何形状彼此一致，分辨率高。
- 尽量选择较大的图案。

1．存在/不存在工具

存在/不存在工具主要用于判断指定区域的特征是否存在，包括"亮度"工具、"对比度"工具、"PatMax RedLine™ 图案"工具、"PatMax®图案"工具、"图案"工具、"像素计数"工具、"颜色像素计数"工具、"斑点"工具、"颜色斑点"工具、"边缘"工具、"圆"工具、"清晰度"工具等，如图 10-29 所示。

图 10-29

- "亮度"工具：用来确定在指定区域内基于平均灰度值（例如，亮度）的特征是否存在。
- "对比度"工具：用来确定在指定区域内基于像素特征间对比度值的特征是否存在（大于阈值的平均灰度值和小于阈值的平均灰度值之间的差异），并报告该对比度值。

- "PatMax RedLine™ 图案" 工具、"PatMax®图案" 工具：根据图案的已训练表示形式（已训练表示形式又称模型），采用 PatMax RedLine™ 算法或 PatMax® 算法判断该图案特征是否存在。

- "图案" 工具：根据图案的已训练表示形式判断图案特征是否存在。在检测正确部件中存在、错误部件中不存在的图案特征的情况下，这一工具很有用，反之亦然。例如，验证在机械安装中是否存在螺栓。

- "像素计数" 工具：可根据白色或黑色的像素数判断指定区域内的特征是否存在，并报告该值。

- "颜色像素计数" 工具：根据与颜色表（In-Sight 2000 系列视觉传感器）中训练的与颜色匹配的像素数，或者在训练库（In-Sight 彩色视觉系统）中所选的颜色模型来判断特征是否存在，并报告该值。

- "斑点" 工具：用于判断斑点特征是否存在。如果检测到斑点，则该工具会报告"存在斑点"，并且检测结果为"通过"；如果未检测到斑点，或者检测到的斑点位于指定限度值之外，则检测结果为"失败"。

- "颜色斑点" 工具：用于判断颜色斑点的特征是否存在。该工具在引用颜色模型的训练库之后，可确定与训练库中的训练颜色模型相匹配的像素数。该工具将创建一个二进制的灰度输出图像，其中，与颜色模型匹配的像素设置为白色（255），其他像素设置为黑色（0）。

- "边缘" 工具：用于判断位于指定参数范围内的边特征是否存在。

- "圆" 工具：用于判断位于指定参数范围内的圆特征是否存在。

- "清晰度" 工具：根据图像在区域内的清晰度得分判断图像是否正确对焦。

下面以"亮度"工具为例，说明存在/不存在工具的应用方法。

❶ 在存在/不存在工具下，选择"亮度"工具。添加"亮度"工具后，需要选择区域类型（矩形、圆、圆环或多边形），效果如图 10-30 所示。

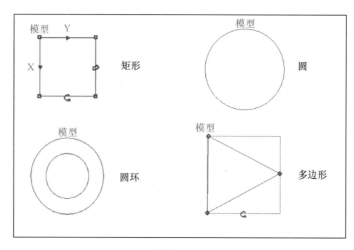

图 10-30

❷ 设置"范围限制"选项卡，包括"最大"文本框、"亮度"文本框、"最小"文本框、"反向"复选框）。其中，在"最大"文本框和"最小"文本框中可设置的灰度值范围为 0~255。可通过"设置限制"按钮进行默认设置，从而满足应用程序的需要，如图 10-31 所示。

图 10-31

2. 测量工具

测量工具用于测量图像中的特征，包括"距离"工具、"角度"工具、"斑点区域"工具、"斑点面积（1-10）"工具、"颜色斑点面积"工具、"颜色斑点面积（1-10）"工具、"圆直径"工具、"圆同心度"工具、"测量半径"工具、"最大/最小点"工具等，如图 10-32 所示。

图 10-32

- "距离"工具：用于测量任意两个输入特征间的距离。
- "角度"工具：用于测量两条边特征之间的角度。
- "斑点区域"工具：用于测量所找到的最大斑点的面积，并报告最大斑点的面积。此工具仅用于测量单个斑点。
- "斑点面积（1-10）"工具：用于测量所找到的最大斑点的面积，并报告最大斑点的面积。此工具可测量 10 个以内的斑点。
- "颜色斑点面积"工具：用于测量所找到的最大彩色斑点的面积，并报告最大彩色斑点的面积。此工具仅用于测量单个彩色斑点。
- "颜色斑点面积（1-10）"工具：用于测量所找到的最大彩色斑点的面积，并报告最大彩色斑点的面积。此工具可测量 10 个以内的彩色斑点。
- "圆直径"工具：用于测量圆的直径。
- "圆同心度"工具：用于测量两个圆心之间的距离。
- "测量半径"工具：用于定义曲边特征，构造表示曲线的参照线和参照点，并测量曲线的半径。
- "最大/最小点"工具：用于测量边缘的位置，并找到距离边缘或定义边缘的区域最远、最近的边缘点。该工具通过边缘分析卡尺数组精确定位边缘特征。边缘一经识别，该工具就会在边缘特征上构造最佳拟合线或圆（取决于边缘特征中是否存在曲线），并报告距离最佳拟合线或圆最远和最近的边缘点。

下面以"距离"工具为例，说明测量工具的应用方法。

❶ 在测量工具下选择"距离"工具。在添加"距离"工具后，系统将检测图像，并列出自动检测到的智能特征(用青色显示)，以及之前通过其他工具定义的特征(用绿色显示)。

从列出的可用特征中选择第 1 个特征（单击该特征即可，其颜色将变为洋红色，并且从该特征中将延伸出一条直线），之后选择第 2 个特征，如图 10-33 所示。

❷ 在选择两个特征后，系统将自动计算特征间的距离，以及为先前未定义的所有特征插入"边"工具或"圆"工具（在实际应用中，将根据工具和特征的类型确定插入"边"工具或"圆"工具），如图 10-34 所示。

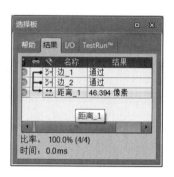

（a）列出可用特征　　　　　（2）选择两个特征

图 10-33　　　　　　　　　　　　　　　　图 10-34

❸ 设置测量类型及范围，其设置方法与"亮度"工具的设置方法类似，这里不再赘述。

3. 计数工具

计数工具用于对图像中的各种特征进行计数，包括"斑点"工具、"颜色斑点"工具、"边"工具、"边对"工具、"PatMax RedLine™ 图案"工具、"PatMax®图案"工具、"图案"工具等，如图 10-35 所示。

图 10-35

- "斑点"工具：用于计算出现在图像区域的斑点特征的实例个数。
- "颜色斑点"工具：用于对图像中存在相连颜色像素的斑点进行计数。
- "边"工具：用于计算出现在图像区域内的边特征数量。
- "边对"工具：用于计算出现在图像区域内的直线边对的实例数。
- "PatMax RedLine™ 图案"工具、"PatMax®图案"工具：根据图案的已训练表示形式（又称模型），采用 PatMax RedLine™ 算法或 PatMax®算法计算该图案特征的实例数。
- "图案"工具：用于根据已训练表示形式（又称模型）计算该图案特征的实例数。

下面以"斑点"工具为例，说明计数工具的应用方法。

❶ 在计数工具下选择"斑点"工具。在添加"斑点"工具后，可选择出现斑点的区域（矩形、圆、圆环或多边形）。请确保该区域的边界能够覆盖斑点，以及斑点可能出现的位置，效果如图 10-36 所示。

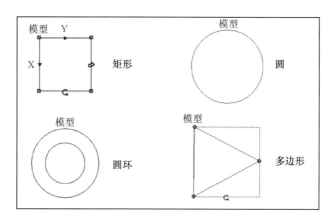

图 10-36

❷ 设置"常规"选项卡中的参数（包括阈值模式、斑点阈值、斑点颜色、边界、最大区域、最小区域等），以及"范围限制"选项卡中的参数。

4. 产品识别工具

产品识别工具用于识别和检验图像中的一维及二维代码、邮政编码、文本、图案特征和颜色等，包括"读取一维代码"工具、"读取多个一维代码（1-20）"工具、"读取二维代码"工具、"读取多个二维代码（1-20）"工具、"读取邮政编码"工具、"读取文本（OCRMax）"工具、"PatMax RedLine™ 图案（1-10）"工具、"PatMax®图案（1-10）"工具、"图案（1-10）"工具、"颜色"工具、"颜色模型"工具等，如图 10-37 所示。

图 10-37

- "读取一维代码"工具：用于读取或验证区域内的单个一维代码。
- "读取多个一维代码（1-20）"工具：用于读取或验证区域内的多个一维代码（最多 20 个）。
- "读取二维代码"工具：用于读取或验证区域内的单个二维代码。
- "读取多个二维代码（1-20）"工具：用于读取或验证区域内的多个二维代码（最多 20 个）。
- "读取邮政编码"工具：可读取或验证某一区域内的单一邮政编码。
- "读取文本（OCRMax）"工具：用于读取或验证字母、数字、文本等字符串（使用训练后的字符模式）。
- "PatMax RedLine™ 图案（1-10）"工具：使用 PatMax RedLine™ 算法训练图案特征，并验证或识别图像中存在的特殊图案特征。

- "PatMax®图案（1-10）"工具：使用 PatMax®算法训练图案特征，并验证或识别图像中存在的特殊图案特征。
- "图案（1-10）"工具：用于训练图案特征，并验证或识别图像中存在的特殊图案特征。
- "颜色"工具：用于确定已训练颜色库与图像中最匹配的颜色，并返回匹配的颜色名称。
- "颜色模型"工具：用于确定颜色模型库与图像中最匹配的颜色模型，并返回匹配的颜色模型名称。

下面以"读取二维代码"工具为例，说明产品识别工具的应用方法。

❶ 在产品识别工具下选择"读取二维代码"工具。在添加该工具后，需要在图像中设置读取区域：拖动洋红色的矩形方框，将读取区域置于需要显示代码或符号的位置，并确保读取区域的边界将所有代码包含在内，如图 10-38 所示。

图 10-38

❷ 在确定读取区域后，设置参数（主要包括"符号组"下拉列表、"模式"下拉列表），如图 10-39 所示。

- "符号组"下拉列表：将符号组的类型定义为数据矩阵或 QR 码（在默认情况下，在"符号组"下拉列表中选择"数据矩阵"选项）。
- "模式"下拉列表：表示读取或匹配字符串（在默认情况下，在"模式"下拉列表中选择"读取"选项）。

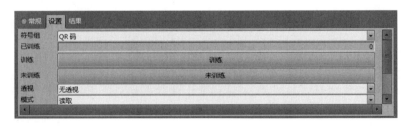

图 10-39

5. 几何工具

几何工具用于在图像中创建几何参照，其他检测工具（如数学逻辑工具）可以利用这些参照进行检测，包括"点到点（直线）"工具、"点到点（中点）"工具、"点到点（尺寸）"工具、"垂直线"工具、"直线交点"工具、"平分角"工具、"由 N 个点构成的直线"工具、

"由 N 个点构成的圆"工具、"圆与直线的交点"工具、"用户定义的点"工具、"用户定义的直线"工具、"圆拟合"工具、"线拟合"工具等，如图 10-40 所示。

图 10-40

- "点到点（直线）"工具：用于在任意两个输入特征（点、固定原点或圆形特征的中心）之间构造参考线，并反馈所构造参考线的两个端点坐标。
- "点到点（中点）"工具：用于计算两个输入特征（点、固定原点或圆形特征的中心）之间的中点，在两个特征之间构造参考线，并反馈中点相对于固定原点的角度及中点坐标。
- "点到点（尺寸）"工具：用于计算两个输入特征（点、固定原点或圆形特征的中心）的中点之间相对于边或直线的距离，并构造一条参考线表示所计算的距离，同时反馈计算出的距离。
- "垂直线"工具：用于构造垂直于另一条直线或边特征的参考线，并反馈所构造参考线的端点坐标。
- "直线交点"工具：用于确定两个边特征或参考线相交的交点，并反馈交点的坐标。
- "平分角"工具：用于构造一条定义两个边特征或两条直线之间平分角的参考线，并反馈平分角和所构造参考线的交点坐标。
- "由 N 个点构成的直线"工具：用于构造满足 2～10 个输入特征（点、固定原点或圆形特征的中心）的参考线，并反馈所构造参考线的交点坐标。
- "由 N 个点构成的圆"工具：用于构造满足 3～10 个输入特征（点、固定原点或圆形特征的中心）的参考圆，并反馈所构造圆的直径。
- "圆与直线的交点"工具：用于确定直线与圆的交点，并反馈圆与直线交点的坐标。
- "用户定义的点"工具：用于在图像中的任意位置绘制参考点，并反馈该点的坐标。
- "用户定义的直线"工具：用于在图像中的任意位置绘制参考线，并反馈该参考线端点的坐标。
- "圆拟合"工具：根据检测到的边缘构造最佳拟合圆。该工具使用边缘分析卡尺数组精确定位边缘特征。边缘一经识别，该工具就会在边缘特征上构造最佳拟合圆，并反馈最佳拟合圆的半径及中点。
- "线拟合"工具：根据检测到的边缘构造最佳拟合线。该工具使用边缘分析卡尺数组精确定位边缘特征。边缘一经识别，该工具就会在边缘特征上构造最佳拟合线，并反馈线段起点和终点的坐标。

下面以"圆拟合"工具为例，说明几何工具的应用方法。

❶ 在几何工具下选择"圆拟合"工具。在添加该工具之后，需要在图像中配置遮蔽区域：在边缘特征上，对图像的环形遮蔽区域进行定位和配置，可以同时调整环形的内、外半径，以确保其能够正确检测到边缘，如图 10-41 所示。

❷ 设置参数，包括"边"选项卡、"边缘评分"选项卡、"拟合"选项卡中的参数，如图 10-42 所示。

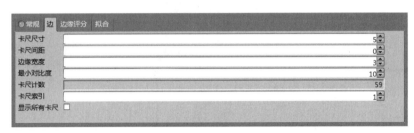

图 10-41   图 10-42

6. 数学逻辑工具

数学逻辑工具用于将工具和数据连接起来，并执行数学运算，包括"数学"工具、"逻辑"工具、"趋势"工具、"统计"工具、"组"工具、"序列"工具、"计算点"工具、"变量"工具等。

- "数学"工具：通过算术运算符、统计方法和三角函数构造数学公式。
- "逻辑"工具：通过逻辑运算符处理数据。
- "趋势"工具：用于在重置之前，针对指定样本数返回定位工具值、检查工具值，以及输入行的最大值、最小值、平均值、样本值、标准偏差等统计数据。
- "统计"工具：用于返回定位工具值、检查工具值，以及输入行的最大值、最小值、平均值、样本值、标准偏差等统计数据。
- "组"工具：将定位工具或检查工具合并成一组，并且在组中创建工具之间的共享启用状态。
- "序列"工具：用于定义在装配过程中需要多个图像采集的步骤顺序。若此工具与"组"工具结合使用，就可令组中的各工具按顺序执行。
- "计算点"工具：用于根据其他定位工具或检查工具输出的数学表达式，计算图像中的点，该点可以被其他工具引用。
- "变量"工具：用于定义可从外部设备输入的整数值、浮点值或字符串值。其他定位工具、检查工具或外部设备可引用这些值。

7. 绘图工具

绘图工具用于根据数学表达式绘制图形，包括"弧"工具、"圆"工具、"交叉"工具、"线"工具、"点"工具、"区域"工具、"字串符"工具等。

- "弧"工具：根据定义弧的中心坐标、半径、起始角度和跨度值的数学表达式，绘制弧的图形，并返回定义弧的参数值。

- "圆"工具：根据定义圆的坐标、半径的数学表达式绘制圆图形，并返回定义圆的参数值。
- "交叉"工具：根据定义交叉图形的坐标、角度的数学表达式，绘制交叉图形，并返回定义交叉图形的参数值。
- "线"工具：根据定义直线的起始坐标、终点坐标的数学表达式，绘制直线图形，并返回定义直线的起始坐标和终点坐标。
- "点"工具：根据定义点坐标的数学表达式，绘制点图形，并返回定义点的参数值。
- "区域"工具：根据定义区域的坐标、高度、宽度、角度和曲线值的数学表达式，绘制区域图形，并返回定义区域的位置、形状和参数值。
- "字符串"工具：根据定义字符串及其坐标的数学表达式，绘制字符串图形，并返回定义字符串图形的参数值。

8. 图像滤波工具

图像滤波工具用于增强图像或图像区域，以便对图像进行进一步分析，包括"筛选"工具、"颜色转为灰度"工具、"颜色转为二进制"工具、"变换"工具、"比较"工具等，如图 10-43 所示。

图 10-43

- "筛选"工具：用于优化图像中具有低对比度、曝光特征的彩色或灰度输出图像。该工具可以突出所需特征，并最大限度地减少不需要的特征。
- "颜色转为灰度"工具：用于将区域中的每个颜色像素转换为灰度值。
- "颜色转为二进制"工具：用于将与活动颜色模型匹配的像素转换为白色，并将其他所有像素转换为黑色。
- "变换"工具：用于过滤图像区域中具有线性、非线性或镜头失真的特征，并通过网格校准像素之间的应用变换，输出可由其他定位工具和检查工具引用的工具图像。
- "比较"工具：依据模板过滤图像，以生成灰度输出图像（输出可由其他定位工具或检查工具引用的工具图像）。

下面以"筛选"工具为例，说明图像滤波工具的应用方法。

❶ 在图像滤波工具下选择"筛选"工具。在添加该工具之后，设置需要增强的图像区域（洋红色），如图 10-44 所示。

图 10-44

❷ 设置参数，包括筛选类型、内核行、内核列、阈值模式、阈值、最小、最大、增益、平滑度等。

- 筛选类型：用于筛选出应用了图像增强技术的图像，该结果将在该区域内自动更新。
- 内核行：用于设置内核的行数（1～25，默认值为 3）。内核是一个数字矩形阵列，该数字矩形阵列规定了在图像的每个像素位置执行操作的处理区域。
- 内核列：用于设置内核的列数（1～25，默认值为 3）。
- 阈值模式：用于设置当"筛选类型"为"二进制""灰度距离""阈值范围"时，是否自动计算阈值等级。
- 阈值：用于设置当"筛选类型"为"二进制""灰度距离""阈值范围"时的阈值等级（0～255，默认值为 128）。
- 最小：用于设置当"筛选类型"为"剪切""拉伸""阈值范围"时的最小灰度值（0～255，默认值为 128）。
- 最大：用于设置当"筛选类型"为"剪切""拉伸""阈值范围"时的最大灰度值（0～255，默认值为 128）。
- 增益：用于设置当"筛选类型"为"锐化"时的增益值（0～10，默认值为 1）。该工具通过控制锐化强度来优化边缘对比度。例如，在边缘附近的像素被修改为最大灰度值或最小灰度值时，创建一个更清晰的边缘外观。
- 平滑度：用于设置当"筛选类型"为"锐化"时的内部高斯曲线（用于识别边缘）的平滑度值（1～4，默认值为 1）。平滑度的值越大，进行平滑操作的"光圈"越宽。

9. 缺陷检测工具

缺陷检测工具用于确定生产的部件或对象是否有缺陷（裂缝、褶皱、凹陷、缺口、刻痕等），包括"外观瑕疵"工具、"边"工具、"边对"工具、"边缘宽度"工具、"珠体探测器"工具、"珠体跟踪器"工具等，如图 10-45 所示。

图 10-45

- "外观瑕疵"工具：可以根据像素的强度变化检测外观的瑕疵。该工具可用来在灰度或彩色图像上检测划痕、刻痕、破损、污渍或缺口等瑕疵。
- "边"工具：使用边缘分析卡尺数组精确定位边缘特征，构造最佳拟合线或圆。在识别出边缘后，该工具通过边缘特征构造最佳拟合线或圆（取决于在边缘特征中是否有曲线）、确定边缘是否存在偏差（如缺陷或间距），并反馈遇到的缺陷或间距的数量。
- "边对"工具：使用边缘分析卡尺数组精确定位边缘特征，构造一对最佳拟合线或圆。在识别出边缘后，该工具通过边缘特征构造一对最佳拟合线或圆（取决于在边缘特征中是否有曲线）、确定边缘是否存在偏差（如缺陷或间距），并反馈遇到的缺陷或间距的数量。
- "边缘宽度"工具：测量并验证边缘的厚度是否在公差范围内。该工具使用边缘分析卡尺数组精确定位边缘特征，以便确定边缘是否有偏差（如缺陷或间距），并反馈遇到的缺陷或间距的数量。
- "珠体探测器"工具：通过检测珠体中心，并创建可用于检查珠体宽度的区域，可识别珠体特征（由边对定义，不考虑形状）。该工具使用边缘分析卡尺数组精确定位边缘特征。在识别出珠体特征之后，该工具将绘制珠体图形，并反馈除缺陷或间距的公差范围以外的任何珠体厚度变化。
- "珠体跟踪器"工具：检测珠体特征（由边对定义）的位置、形状和宽度。根据用户创建的珠体特征边缘模型，使用边缘分析卡尺数组精确定位边缘特征。在珠体特征模型创建完毕后，该工具将采集图像中的珠体特征与珠体模型进行对比，以确定珠体位置是否正确、珠体中是否存在缺陷或间距等偏差，并且对发现的缺陷或间距数量进行反馈。

下面以"外观瑕疵"工具为例，说明缺陷检测工具的应用方法。

❶ 在缺陷检测工具下选择"外观瑕疵"工具。在添加该工具后，需要选择区域类型（矩形、圆、圆环或多边形），确保该区域的边界覆盖瑕疵及瑕疵可能出现的位置，效果如图 10-46 所示。

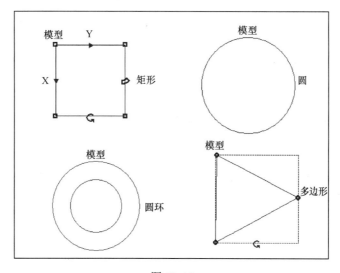

图 10-46

❷ 设置参数，包括"掩码"选项卡和"瑕疵检测"选项卡。

- "掩码"选项卡：在"掩码"选项卡中，可设置"掩膜模式"下拉列表、"掩膜图像显示"下拉列表、"最小片段大小"文本框、"掩膜平滑因子"文本框、"最小边缘对比度"文本框、"最大填孔尺寸"文本框、"核心面积中位数"文本框、"侵蚀遮蔽计数"文本框、"反向"复选框，如图 10-47 所示。

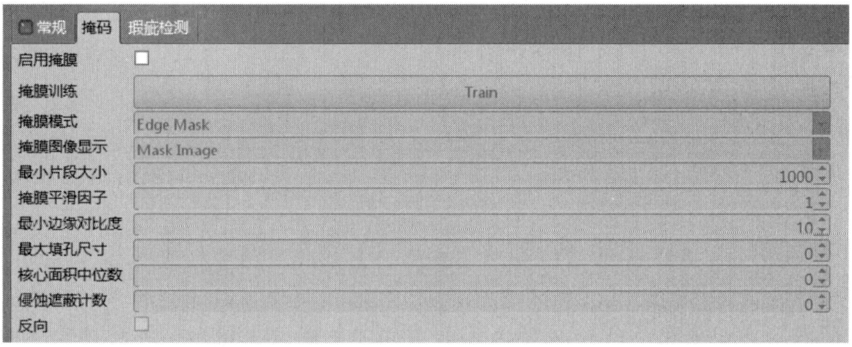

图 10-47

- "瑕疵检测"选项卡：在"瑕疵检测"选项卡中，可设置"检测类型"文本框、"显示图像"文本框、"采样因子"文本框、"自动平滑"复选框、"平滑因子"文本框、"检测轴"文本框、"检测尺寸"文本框、"最小对比度"文本框、"最小瑕疵区域"文本框、"最大瑕疵面积"文本框、"超时（ms）"文本框、"总瑕疵"文本框，如图 10-48 所示。

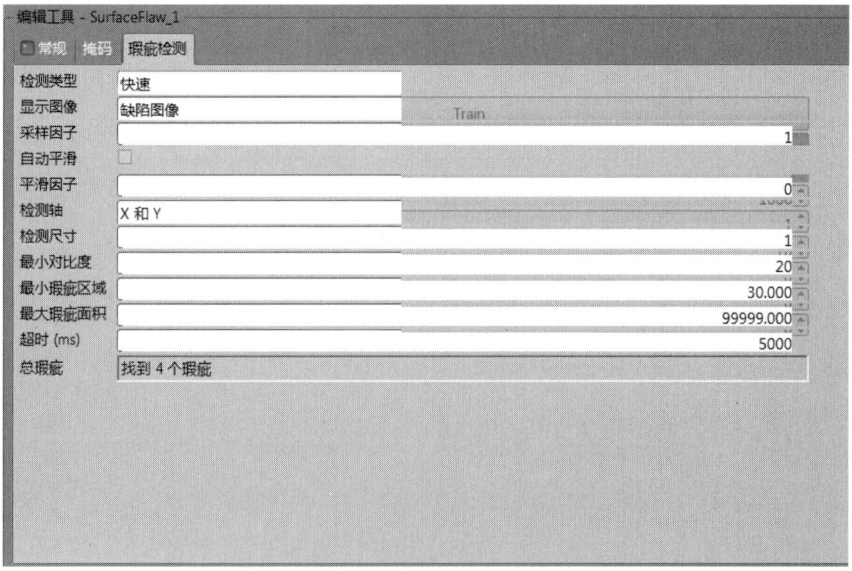

图 10-48

10．校准工具

校准工具用于构造可共享的校准文件，包括"N 点"工具、"序列 N 点"工具，如图 10-49 所示。

图 10-49

- "N 点"工具：用于使用 2～16 个输入特征及其关联的实际坐标构造校准文件。此校准文件可以导出，并作为一种校准类型应用于图像的设置步骤中，也可以用于其他项目中。
- "序列 N 点"工具：用于使用某个输入特征及其关联的实际坐标，在顺序图像采集期间构造校准文件。此校准文件可以导出，并作为一种校准类型应用于图像的设置步骤中，也可以用于其他项目中。

下面以"N 点"工具为例，说明校准工具的应用方法。

❶ 在校准工具下选择"N 点"工具。在添加该工具后，系统将检测图像，并列出自动检测到的智能特征（点、固定原点或圆形特征的中心，以青色显示），以及之前已通过其他工具定义的特征（以绿色显示），如图 10-50 所示。

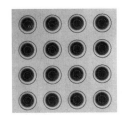

（a）以青色显示　　　　　　（b）以绿色显示

图 10-50

❷ 设置参数，显示如图 10-51 所示的表格数据。

点	像素行	像素列	场景 X 坐标	场景 Y 坐标
点 0	100.948	247.069	100.948	247.069
点 1	200.249	246.174	200.249	246.174
点 2	299.574	245.426	299.574	245.426
点 3	399.205	244.811	399.205	244.811
点 4	99.092	345.772	99.092	345.772
点 5	198.518	344.882	198.518	344.882
点 6	297.893	344.174	297.893	344.174
点 7	397.612	343.616	397.612	343.616
点 8	97.353	444.352	97.353	444.352
点 9	95.673	543.455	95.673	543.455
点 10	196.871	443.708	196.871	443.708

场景 X 坐标　100.948

场景 Y 坐标　247.069

选择点

图 10-51

10.3　In-Sight 软件的连接设置

10.3.1　相机连接

在 In-Sight 软件中，进行相机连接的操作步骤如下。

❶ 打开 In-Sight 软件，在菜单栏中选择"系统"→"将传感器/设备添加到网络"，如图 10-52 所示。

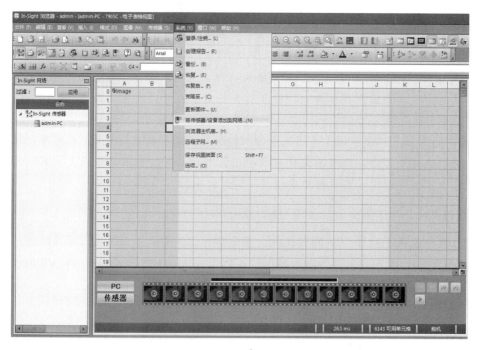

图 10-52

❷ 此时将弹出"将传感器/设备添加到网络"对话框，如图 10-53 所示。

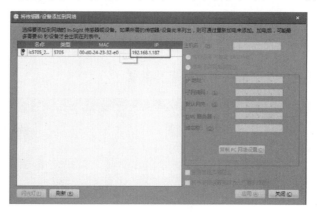

图 10-53

❸ 选择相机，不要自动获取。在"主机名"文本框中设置容易识别的名称；选中"使用下列网络设置"单选按钮，设置与连接的计算机同一网段的 IP 地址和子网掩码。当设备的 IP 地址和子网掩码与连接的计算机不一致时，连接将出现问题，如图 10-54 所示。此时，可通过单击"本地连接 状态"对话框中的"属性"按钮，打开"本地连接 属性"对话框；选中"Internet 协议版本 4（TCP/IPv4）"复选框，并查看其属性，打开"Internet 协议版本 4（TCP/IPv4）属性"对话框，即可显示出 IP 地址和子网掩码，如图 10-55 所示。

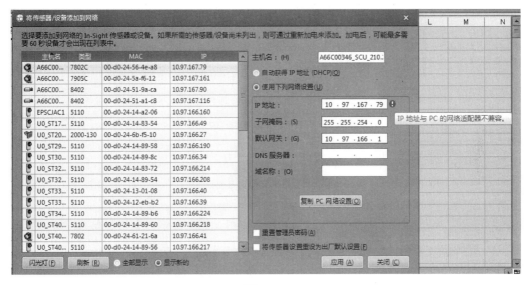

图 10-54

图 10-55

❹ 在连接相机后，可以设置图像的触发器：在"应用程序步骤"选项卡中，选择"设置图像"→"新建作业"，如图 10-56 所示；打开"编辑采集设置"对话框，在"触发器"下拉列表中选择"相机"选项即可，如图 10-57 所示。

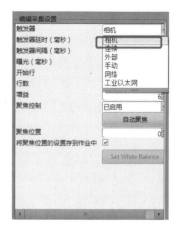

图 10-56 　　　　　　　　　　　　图 10-57

注意：对图 10-57 中"触发器"下拉列表中的选项说明如下。

- "相机"选项：连接相机（硬件触发器）。
- "连续"选项：采集图像、运行作业并不断重复。
- "外部"选项：离散输入线。
- "手动"选项：由用户触发，可以通过键盘（F5 键）或控制手柄（触发按钮）实现。
- "网络"选项：当触发网络上的系统时，可启用图像采集操作。
- "工业以太网"选项：启用来自工业以太网的触发器上的图像采集操作。例如，EtherNet/IP、POWERLINK、PROFINET、SLMP Scanner、Modbus TCP Server。

即便没有连接相机，也可进行模拟仿真，操作步骤如下：

❶ 打开 In-Sight 软件，在菜单栏中选择"系统"→"选项"，如图 10-58 所示。

❷ 打开"选项"对话框，选中"仿真"选项，复制"脱机编程引用"文本框中的内容，如图 10-59 所示。

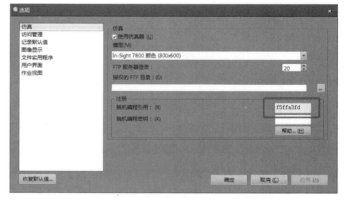

图 10-58 　　　　　　　　　　　　图 10-59

❸ 打开 COGNEX 官网，选中"In-Sight 模拟器软件密钥"选项，将"脱机编程引用"文本框中的内容复制到"脱机编程参考"文本框中，如图 10-60 所示。

图 10-60

❹ 填写公司名称，单击"获取密钥"按钮，将获取的密钥内容复制到"选项"对话框中的"脱机编程密钥"文本框中，如图 10-61 所示。

❺ 单击"确定"按钮，即可在没有连接相机的情况下，进行模拟仿真。

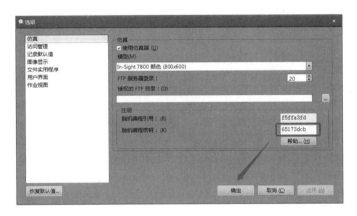

图 10-61

10.3.2　通信连接

通信连接用于为开放式数据访问和交换（OPC）定义检测结果、为界面配置 EasyView、通过 FTP 导出图像、定义 In-Sight 视觉系统的网络和串行通信，从而能够与其他设备（如机器人或可编程逻辑控制器）进行数据通信。三种常用的通信协议有以太网通信（TCP/IP）、串口通信（RS-232）、I/O 通信。

下面以其他设备为例，说明应用 TCP/IP 进行通信连接的步骤。

❶ 在"应用程序步骤"选项卡中，选择"通信"选项，如图 10-62 所示，打开"通信"对话框。

❷ 单击"添加设备"按钮，在"设备"下拉列表中选择"其他"选项，在"协议"下拉列表中选择 TCP/IP 选项，单击"确定"按钮，如图 10-63 所示。

图 10-62   图 10-63

❸ 打开"TCP/IP 设置"选项卡，在"服务器主机名"文本框中输入建立连接的 TCP/IP 服务设备名称，这里输入本地连接的 IP 地址；在"端口"文本框中输入相机的网络端口，如图 10-64 所示。如果不知道本地连接的 IP 地址和相机的网络端口，可通过如图 10-65 和图 10-66 所示的对话框进行查看。

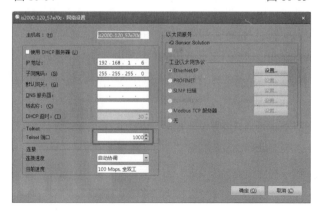

图 10-64   图 10-65

图 10-66

❹ 打开调试工具，将 TCP 设为服务器，此时相机将主动发送数据到服务器；在"监听端口"文本框中输入 1000，即设为相机的网络端口，如图 10-67 所示。

图 10-67

❺ 在启动监听后，打开 In-Sight 软件，单击"电源"图标进行联机操作，如图 10-68 所示。

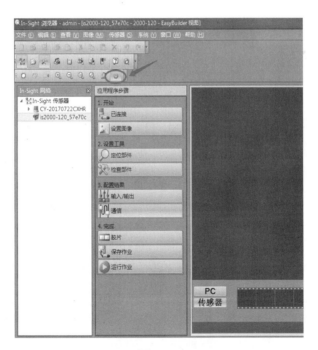

图 10-68

❻ 当显示如图 10-69 所示的对话框时表示连接成功，此时可手动触发相机（例如，在"数据发送窗口"文本框中输入数据），其结果将直接发送到 TCP 服务器。

图 10-69

10.4 In-Sight 软件的电子表格

　　下面将通过电子表格的使用方法简述图像采集、逻辑运算、"图案匹配"函数、"直方图"函数、"边"函数、"斑点"函数、"图像"函数、OCV 函数与 OCR 函数的应用步骤。

　　打开 In-Sight 软件，在菜单栏中选择"查看"→"电子表格"，即可打开如图 10-70 所示的界面。

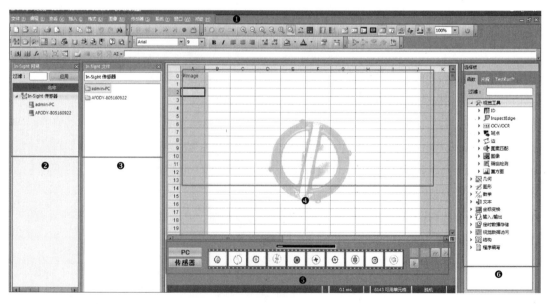

图 10-70

❶ 菜单栏：包含"文件""编辑""查看""插入""格式""图像""传感器""系统"等菜单，可以进行相关的设置。

❷ "In-Sight 网络"选项卡：用于显示所在网络的所有 In-Sight 相机和仿真器。

❸ "In-Sight 文件"选项卡：用于显示当前存储在 In-Sight 系统中的文件。

❹ 电子表格栏：电子表格栏是一个区域，用于组织和创建视觉应用程序。

❺ 预览区：在 In-Sight 预览区中，可以选择 PC 或传感器两种方式进行图片预览。

❻ "选择板"选项卡：在"选择板"选项卡中，可以选择用于操作的函数（直接将选中的函数拖到电子表格栏即可）。

电子表格是一个自动分割成行、列格式的文件：列，利用字母标记；行，利用数字标记。每一个位置称为一个"单元格"，其功能及运算形式类似于 Excel 表格，如图 10-71 所示。

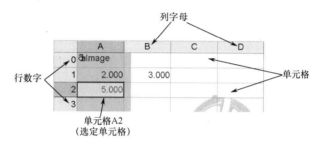

图 10-71

单元格的运算是通过单元格的引用实现的。引用分为两种：绝对引用和相对引用。

● 绝对引用：在进行单元格复制时不发生变化。例如，把"$A$3=$C$1+$C$2"复制到 $D$3（$A$3 的值为 C1、C2 的和），如图 10-72 所示。可以看到，其初始值为 3，经过绝对引用复制后，其数值仍为 3，没有发生变化。

● 相对引用：在进行单元格复制时发生相对变化。例如，把"A3=C1+C2"复制到 D3 后（A3 的值为 C1、C2 的和），变为"D3=F1+F2"，如图 10-73 所示。可以看到，其初始值为 3，经过相对引用复制后，其数值变为 0，即单元格相对向右移动 3 个单元格，数据发生改变。

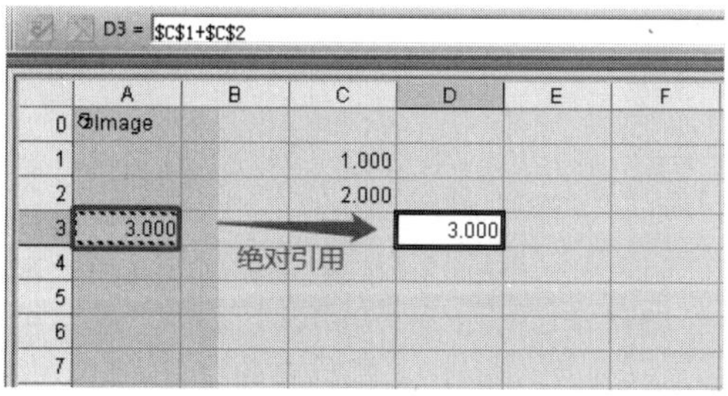

图 10-72 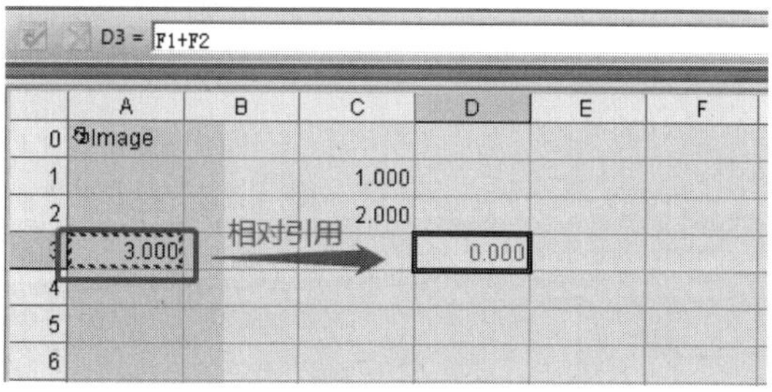　　　　　　　　　　　　　　图 10-73

如何引用和输入公式呢？操作步骤如下：

❶ 选择一个空白的单元格，如图 10-74（a）所示。

❷ 单击该单元格的公式框,如图 10-74(b)所示。

❸ 使用绝对引用或相对引用按钮为单元格设置引用,以完成公式,如图 10-74(c)所示。

❹ 单击绿色框按钮,对上述操作进行保存,如图 10-74(d)所示。

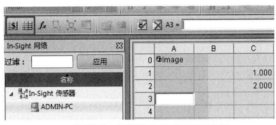

(a)选择一个空白的单元格

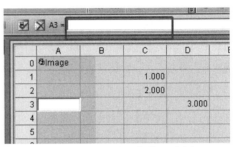

(b)单击该单元格的公式框

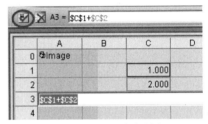

(c)使用绝对引用或相对引用按钮

(d)单击绿色框按钮

图 10-74

10.4.1 图像采集

1. 控制相机

在登录到相机设备后,可对相机设备进行控制,操作步骤如下:

❶ 在"In-Sight 网络"选项卡中找到相机,双击该相机选项,如图 10-75 所示。

图 10-75

❷ 在电子表格中，可在背景上加载一张相机中的图像，如图 10-76 所示。

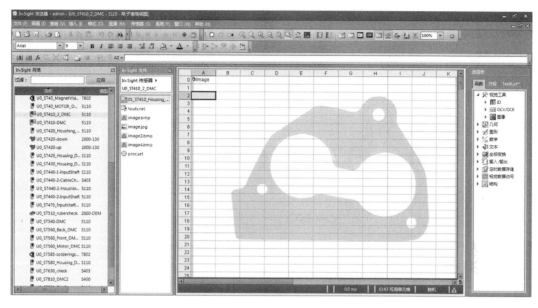

图 10-76

2. In-Sight 联网

In-Sight 联网的原则如下：

- 在同一时间只有一个人能够登录到同一个 In-Sight 软件中。
- 后登录者可以获得控制权，之前的登录者将与 In-Sight 软件断开连接。

刚登录时、断开连接时的界面如图 10-77 和图 10-78 所示。

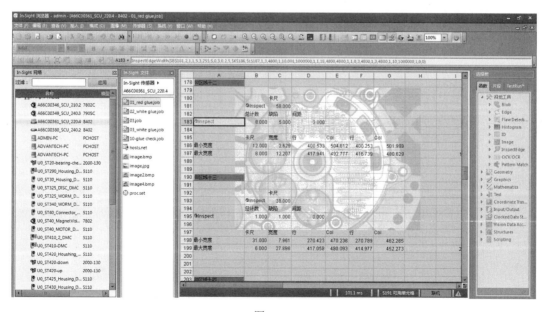

图 10-77

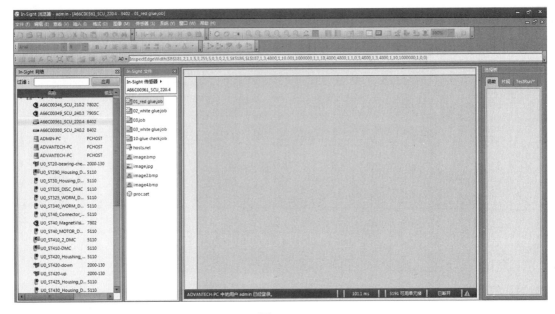

图 10-78

注意：在登录另一台相机时，请谨慎操作。

3．捕捉图像

捕捉图像的操作步骤如下。

❶ 打开 In-Sight 软件并登录相机设备后，在菜单栏中选择"图像"→"实况视频"，如图 10-79 所示，之后，相机中的图像将显示在电子表格中。

❷ 若在菜单栏中选择"图像"→"触发器"，即可打开 AcquireImage 触发器的属性对话框，如图 10-80 所示。

图 10-79

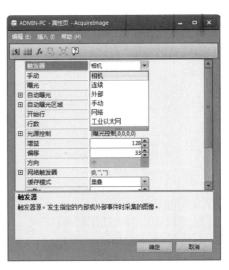

图 10-80

对 AcquireImage 触发器属性对话框中的选项说明如下。

- "触发器"下拉列表：可在联机模式下触发图像。
- "手动"下拉列表：可在脱机模式下触发图像。
- "曝光"文本框：表示曝光时间，单位为 ms。
- "自动曝光"选项：表示自动曝光，即随照明自动变化。
- "开始行"文本框：表示采集图像的起始行。
- "行数"文本框：表示采集图像的行数量。
- "光源控制"选项：表示 LED 光源控制的数据。
- "增益"文本框：表示相机获得的增益。
- "方向"下拉列表：设置为与 CCD 相机相同的图像方向。
- "缓存模式"下拉列表：设置图像采集的缓存模式。

4．脱机与联机

在联机模式下，启用 In-Sight 中的所有 I/O 接口（包括串行、离散、网络等）；在脱机模式下，禁用大部分 In-Sight 中的 I/O 接口。对联机模式和脱机模式下的使用状态说明如表 10-1 所示。

表 10-1

使用状态	联机模式	脱机模式
可以使用	采集触发器（外部），包括串行 I/O 电子表格功能、离散 I/O 电子表格功能、网络 I/O 电子表格功能	编辑电子表格，包括打开 Formula Editor（公式编辑器）或 Property Sheets（属性表）
不可以使用	编辑电子表格，包括打开 Formula Editor（公式编辑器）或 Property Sheets（属性表）	采集触发器（外部），包括串行 I/O 电子表格功能、离散 I/O 电子表格功能、网络 I/O 电子表格功能

单击联机快捷键（Ctrl+F8 键）或快捷栏中的开关按钮，可对联机和脱机模式进行切换，如图 10-81 所示。

可在 In-Sight 软件的右下角查看联机/脱机状态，如图 10-82 所示：如果是绿色的，则表示联机；反之表示脱机。

图 10-81

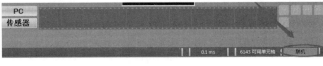

图 10-82

10.4.2　逻辑运算

在电子表格中可进行逻辑运算，如 If、And、InRange、Not、Or。下面将通过不同的实例了解逻辑运算的方法。其中，TRUE 表示 1；FALSE 表示 0。

1．If(Cond,Val1,Val2)

在 If(Cond,Val1,Val2)中，如果 Cond 为 TRUE，则返回 Val1，否则返回 Val2。例如：

```
A1=200
A2=If(A1<128,"GOOD","BAD")
```

其运行效果如图 10-83 所示。

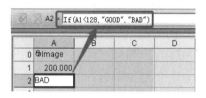

图 10-83

2．And(Val1,Val2,Val3…)

在 And(Val1,Val2,Val3…)中，将返回可变长度值列表的逻辑与的运算结果。如果所有条件为真，则返回 TRUE，否则返回 FALSE。例如：

```
A1=23,B1=10,C1=22
D1=If(And(A1>B1,A1<C1),0,-1)
```

其运行效果如图 10-84 所示。

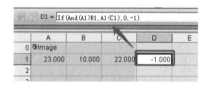

图 10-84

3．InRange(Val,Start,End)

在 InRange(Val,Start,End)中，如果 Min(Start,End)≤Val≤Max(Start,End)，则返回 TRUE（1），否则返回 FALSE（0）。例如：

```
A1=23,B1=10,C1=22
D1=InRange(C1,B1,A1)
```

其运行效果如图 10-85 所示。

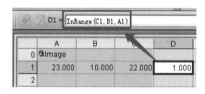

图 10-85

4．Not(Val)

在 Not(Val)中，将返回 Val 的逻辑取反运算结果。例如：

```
A1=23,B1=10,C1=22
D1=InRange(C1,B1,A1)
E1=NOT(D1)
```

其运行效果如图 10-86 所示。

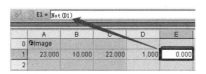

图 10-86

5．Or(Val1,Val2,Val3…)

在 Or(Val1,Val2,Val3…)中，将返回可变长度值列表的逻辑或的运算结果。如果任一条件为真，则返回 TRUE（1），否则返回 FALSE（0）。例如：

```
A1=1,B1=0,C1=0
D1=Or(A1,B1,C1)
```

其运行效果如图 10-87 所示。

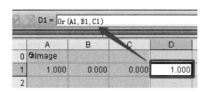

图 10-87

如何在电子表格中进行逻辑运算呢？有如下两种方法。

● 在"选择板"选项卡中，选择"函数"→"数学"→"逻辑"，如图 10-88 所示。可从图 10-88 中，直接拖拽选项到电子表格的指定位置。例如，拖拽 Or 选项到 D1 单元格中，并进行编辑操作，如图 10-89 所示。编辑完成后，单击左上角的 按钮进行保存，或者直接单击键盘上的 Enter 键，如图 10-90 所示。

图 10-88

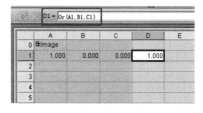

图 10-89

图 10-90

● 可以通过 f_x 按钮进行逻辑运算：在电子表格中，选择一个目标单元格，单击 f_x 按钮，如图 10-91 所示，即可选择所需的逻辑运算。

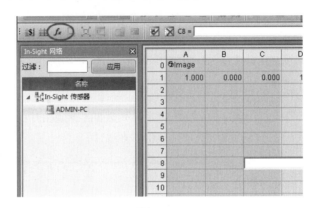

图 10-91

除了以上 2 种应用方法，还可以在单元格中通过直接手动输入的方式进行逻辑运算。

10.4.3 "图案匹配"函数

图案匹配用于对一个模型元件进行训练，并进行形状查找。对应的图案匹配函数如图 10-92 所示。

在众多"图案匹配"函数中，FindPatterns 是一个强大的工具，可分两个阶段定位每个元件的特征（训练阶段表示利用区域模型和边模型从已知的合格元件上"学习"元件特征；查找阶段表示在元件上查找元件特征）。几乎在所有的检测中都会使用 FindPatterns 进行图案定位。

下面以检查如图 10-93 所示的垫片有无为例，应用 FindPatterns 进行图案匹配。

图 10-92

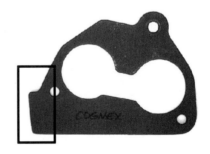

图 10-93

❶ 在"选择板"选项卡中，选择"函数"→"图案匹配"→FindPatterns，并将其直接拖拽到电子表格中，如图 10-94 所示。

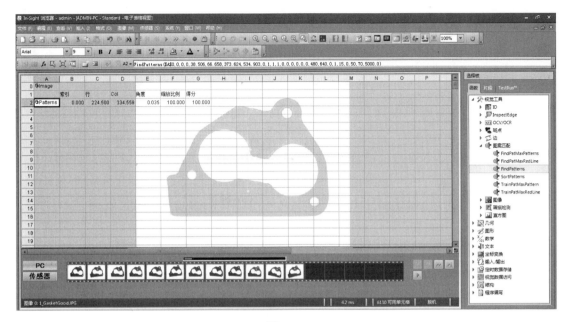

图 10-94

❷ 对 FindPatterns 的属性进行设置，如图 10-95 所示。

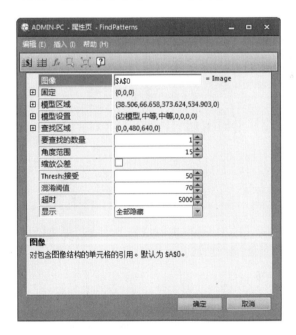

图 10-95

- "图像"文本框：用于表示图像所在的目标单元格。
- "模型区域"选项：利用区域设置模型的特征。
- "查找区域"选项：用于确定搜索范围。
- "要查找的数量"文本框：用于确定查找数量。

- "角度范围"文本框：这里在"角度范围"文本框中输入 15，表示可在±15°的角度范围内搜索模板。
- "缩放公差"复选框：在默认情况下，不勾选"缩放公差"复选框；若勾选，则表示允许存在±10%的尺寸变化。
- "Thresh:接受"文本框：用于确定与标准模板相似度的最低匹配分数，若大于该值，则认为匹配成功。
- "混淆阈值"文本框：用于设置无效实例的最大分数。通过此选项可以知道哪些模式需要响应，以及哪些模式可以忽略。
- "超时"文本框：以 ms 为单位（0～5000），表示在指定时间内搜索模板，若未找到目标，则判定搜索失败。
- "显示"下拉列表：用于设置显示哪些图像选项。

❸ 设置模型区域：在 FindPatterns 的属性设置对话框中选择"模型区域"选项，单击 ⬚（编辑图像）按钮，如图 10-96 所示，即可使用紫色框在图像上标注模型区域，效果如图 10-97 所示。单击电子表格左上角的 ☑ 按钮进行保存，如图 10-98 所示。

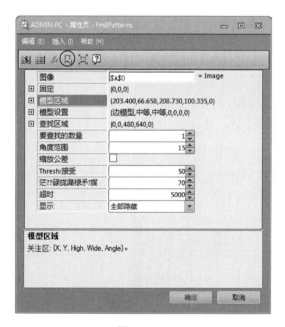

图 10-96

图 10-97

图 10-98

❹ 设置查找区域：在 FindPatterns 的属性设置对话框中选择"查找区域"选项，单击 ⬚（编辑图像）按钮，如图 10-99 所示，即可使用红色框在图像上标注查找区域，效果如图 10-100 所示，单击电子表格左上角的 ☑ 按钮进行保存。

图 10-99

图 10-100

❺ 在添加模型区域和查找区域后，可以移动、调整、旋转模型区域（紫色框）及查找区域（红色框），如图 10-101 所示。

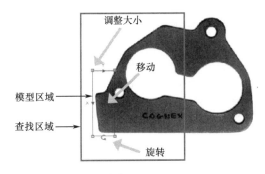

图 10-101

> **注意**：模型区域必须在查找区域以内，若超出查找区域，则模型区域的设置无效。

❻ 在"模型设置"选项中，可对模型进行设置，如图 10-102 所示。

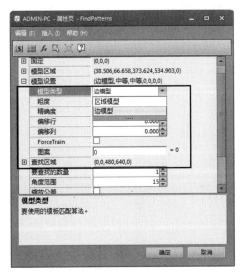

图 10-102

- "模型类型"下拉列表：包括"区域模型"和"边模型"两个选项。"区域模型"选项适合用于模型区域较小、没有精确边线的模型；"边模型"选项适合用于具有背光照明、非线性照明变化的模型，如反光金属工件。

- "粗度"下拉列表：用于为训练的模型指定特征的最小尺寸，包括"精细""中等""粗糙"三个选项。"精细"选项表示最小尺寸约为 4pix；"中等"选项表示最小尺寸约为 4~8pix；"粗糙"选项表示最小尺寸约为 8pix。

- "精确度"下拉列表：包括"高精度""中等精度""快速"三个选项。这三个选项的运行速度：高精度<中等精度<快速。

注意：在"粗度"下拉列表和"精确度"下拉列表中进行不同的设置，效果对比如图 10-103 所示。

COGNEX	在"粗度"下拉列表中选择"粗糙" 在"精确度"下拉列表中选择"快速"
COGNEX	在"粗度"下拉列表中选择"中等" 在"精确度"下拉列表中选择"中等精度"
COGNEX	在"粗度"下拉列表中选择"精细" 在"精确度"下拉列表中选择"高精度"

图 10-103

---

❼ 在"Thresh:接受"文本框与"混淆阈值"文本框中设置合适的值，如图 10-104 所示。例如，当前模型的匹配度大于"Thresh：接受"文本框与"混淆阈值"文本框中的设置值，则表示当前模型为有效模型，如图 10-105 所示。

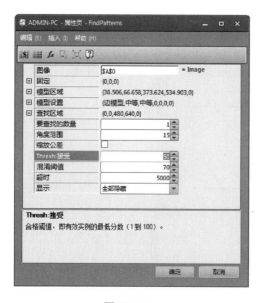

图 10-104

图 10-105

❽ 图像匹配的最终结果将包含索引、行、Col、角度、缩放比例、得分等信息，如图 10-106 所示。

	A	B	C	D	E	F	G	H
0	⊕Image							
1								
2		索引	行	Col	角度	缩放比例	得分	
3	⊕Patterns	0.000	239.879	319.500	0.008	100.000	100.000	
4								
5								

图 10-106

10.4.4　"直方图"函数与"边"函数

1. "直方图"函数

直方图（Extract Histogram）用于计算图像在指定区域的像素数、灰度值，并以图形的方式显示出来，如图 10-107 所示。

- 图形的横轴：表示灰度值（0～255，共 256 个灰度值。其中，灰度值 0 表示黑色；灰度值 255 表示白色）。
- 图形的纵轴：表示给定灰度值的像素数。
- 蓝色垂直线：用于将图像区域分为黑色和白色（线左侧的区域被视为黑色；线右侧的区域被视为白色）。

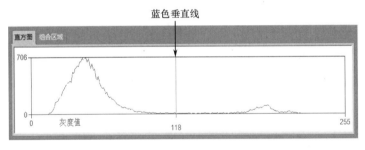

图 10-107

如何使用"直方图"函数呢？操作步骤如下。

❶ 在"选择板"选项卡中，选择"函数"→"直方图"→ExtractHistogram，并直接将其拖拽到电子表格中，如图 10-108 所示。

❷ 进行 ExtractHistogram 的属性设置，如图 10-109 所示。

- "图像"文本框：用于显示目标单元格。
- "区域"选项：用于设置检查范围。
- "显示"下拉列表：用于设置显示哪些图像选项。

❸ 此时在电子表格中将显示如图 10-110 所示的数据，包括 Thresh、对比度、DarkCount、BrightCount、平均值。

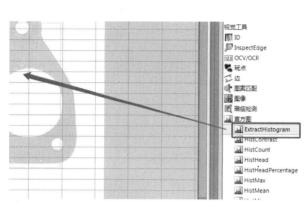

图 10-108

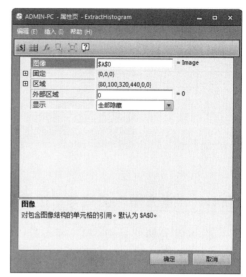

图 10-109

图 10-110

- Thresh：表示用于区分明暗像素（0~255）的最佳阈值。
- 对比度：表示阈值以上的平均灰度值与阈值以下的平均灰度值之间的差值（0~255）。
- DarkCount：阈值以下的像素数。
- BrightCount：阈值以上的像素数。
- 平均值：表示区域内的平均灰度值（0~255）。

在"选择板"选项卡中，选择"函数"→"直方图"，即可显示"直方图"函数。除了ExtractHistogram，常用的函数还有如下几个。

- HistHead：用于指定灰度值范围内存在的最低灰度值。
- HistMax：用于指定最常见的灰度值（0~255）。
- HistMin：用于指定最不常见的灰度值（0~255）。
- HistSDev：用于指定在灰度值范围内像素数的标准偏移量。
- HistSum：用于指定在灰度值范围内像素数的总量。
- HistSumSquare：用于指定在灰度值范围内像素数的平方和。
- HistTail：用于指定在灰度值范围内的最高灰度值。

2．"边"函数

边（Edges）是图像中明、暗交接的位置。边可以是直的、弯的，甚至是圆形的，如图 10-111 所示。

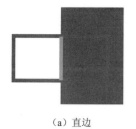　　

（a）直边　　　　　　　（b）弯边　　　　　　（c）圆形边

图 10-111

在"选择板"选项卡中，选择"函数"→"边"，即可显示如图 10-112 所示的"边"函数。

- Caliper：用于检查图像相邻像素的灰度值变化。
- FindCircle：用于找到最佳的圆形边。
- FindCircleMinMax：用于检查连续的圆形边。
- FindCurve：用于找到最佳的弯边。
- FindLine：用于找到最佳的直边。
- FindMultiLine：用于找到多条直边。
- FindSegment：用于找到由黑色或白色区域定义的边对。
- PairDistance：用于返回边对内各边的距离。
- PairEdges：用于将多个边组合成对。
- PairMaxDistance：用于返回多个边对中的最长边对距离。
- PairMeanDistance：用于返回多个边对中的平均边对距离。
- PairMinDistance：用于返回多个边对中的最短边对距离。
- PairSDevDistance：用于返回多个边对中的边对距离标准偏差。
- PairsToEdges：用于通过对线段取平均值，将边对组合为单一边。
- SortEdges：用于按照指定标准对边结构进行排序。

图 10-112

"边"函数的应用范围包括检测垫片元件的特征、查找圆形边（中心和半径）、查找元件边线，如图 10-113 所示。可使用 0～100 确定对比度。

（a）检测垫片元件的特征　（b）查找圆形边　　（c）查找元件边线

图 10-113

10.4.5 "斑点"函数与"图像"函数

1. "斑点"函数

在"选择板"选项卡中，选择"函数"→"斑点"，即可显示"斑点"函数。在众多"斑点"函数中，ExtractBlobs 的应用较多，用于查找一组灰度值高（低）于规定阈值的像素组，换言之，该函数用于查找暗背景上的亮点，并可给出索引、行、Col、角度、颜色、得分、区域、伸长、孔、周长、展开等信息，如图 10-114 所示。

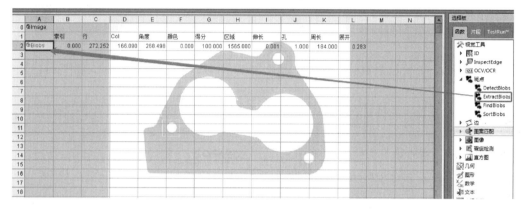

图 10-114

例如，在图 10-115 中，可应用 ExtractBlobs 检测白色圆孔的斑点是否存在，操作步骤如下。

❶ 在"选择板"选项卡中，选择"函数"→"斑点"→ExtractBlobs，将其直接拖拽到电子表格中。

❷ 对 ExtractBlobs 的属性进行设置，如图 10-116 所示。

图 10-105

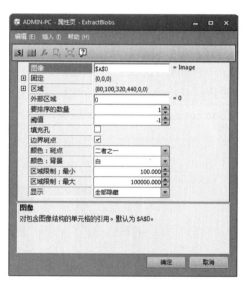

图 10-116

- "图像"文本框：用于显示目标单元格。
- "区域"选项：用于设置目标区域。
- "要排序的数量"文本框：用于列出与排序数量相关的信息。若在"要排序的数量"文本框中输入 0，则只计算区域内的斑点数量。

- "阈值"文本框：通过设置阈值可区分黑、白斑点。若在"阈值"文本框中输入-1，则将使用自动阈值。
- "填充孔"复选框：是否在结果中包括斑点内孔的区域。
- "边界斑点"复选框：是否考虑斑点的接触区域边界。
- "颜色:斑点"下拉列表：用于设置斑点是黑色、白色，或者黑白都可以。
- "颜色:背景"下拉列表：用于设置背景颜色为白色或黑色。
- "区域限制:最小"文本框：用于设置最小斑点的大小。
- "区域限制:最大"文本框：用于设置最大斑点的大小。
- "显示"下拉列表：用于设置显示哪些图像选项。

❸ 在检测孔的周围进行设置，如图 10-117 所示，即通过"阈值"文本框、"颜色:斑点"下拉列表、"颜色:背景"下拉列表进行设置，如图 10-118 所示。可以看到："阈值"文本框中的数值越大，则斑点的灰度等级越广，所找到的斑点也越大。

图 10-117

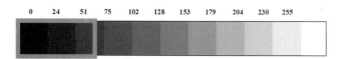

（a）在"阈值"文本框中输入 64、在"颜色:斑点"下拉列表中选择"黑"、在"颜色:背景"下拉列表中选择"白"

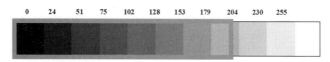

（b）在"阈值"文本框中输入 192、在"颜色:斑点"下拉列表中选择"黑"、在"颜色:背景"下拉列表中选择"白"

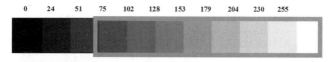

（c）在"阈值"文本框中输入 64、在"颜色:斑点"下拉列表中选择"白"、在"颜色:背景"下拉列表中选择"黑"

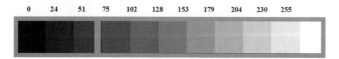

（d）在"阈值"文本框中输入 64、在"颜色:斑点"下拉列表中选择"二者之一"、在"颜色:背景"下拉列表中选择"白"

图 10-118

❹ 通过斑点的区域大小判断检测结果为"通过"或"失败"，如图 10-119 所示：将 C5 设为 If(H2>=200&&H2<1000,1,0)，即若 H2 的值为 200～1000，则返回 1，表示"通过"；否则返回 0，表示"失败"。

图 10-119

在很多判断有无的检测中，"斑点"函数的应用较多。在掌握"阈值"文本框、"颜色:背景"下拉列表、"颜色:斑点"下拉列表的设置方法后，即可轻松应对各种检测操作。

2．"图像"函数

"图像"函数的作用是改善原图、突出所需特征、清除或消除不必要的特征，如图 10-120 所示。下面介绍几个常用的"图像"函数。

图 10-120

（1）CompareImage 函数

CompareImage 函数用于存储一个参考图像（又称模板图像），将产品图像与参考图像进行比较（标准化的差异操作），并返回图像。在返回图像中，每个像素都显示产品图像与参考图像的差异（亮表示不同；暗表示相同）。应用 CompareImage 函数进行检测的效果如图 10-121 所示。

（a）参考图像　　　　　　　（b）产品图像　　　　　　　（c）返回图像

图 10-121

（2）NeighborFilter 函数

NeighborFilter 函数用于返回经过处理操作的图像。处理操作包括扩大、蚀刻、高通、低通等。例如，在 NeighborFilter 函数用于蚀刻时，将在输出图像中将暗像素区域变大，即增大暗特征、缩小亮特征，如图 10-122 所示；在 NeighborFilter 函数用于扩大时，将在输出图像中扩大亮像素区域，即增大亮特征、缩小暗特征，如图 10-123 所示。

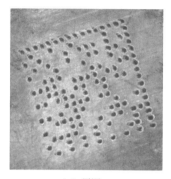
（a）原图

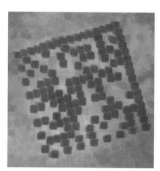
（b）蚀刻效果

图 10-122

（a）原图

（b）扩大效果

图 10-123

（3）PointFilter 函数

PointFilter 函数用于返回经过处理操作的图像（图像的每一个像素都独立变化，与附近像素无关）。处理操作包括二元化、剪断、拉伸、使均衡等。例如，在 PointFilter 函数用于二元化时，输出图像像素的灰度值为 0 或 255：如果原灰度值大于阈值，则输出像素的灰度值为 255；如果原灰度值小于阈值，则输出像素的灰度值为 0，如图 10-124 所示。

（a）原图

（b）二元化后

图 10-124

在 PointFilter 函数用于剪切时，将剪切所有高像素值至指定的最高值、低像素值至指定的最低值，效果如图 10-125 所示。

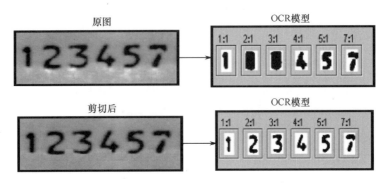

图 10-125

在 PointFilter 函数用于拉伸时，将"拉伸"像素数到最大范围（0～255）。例如，假设像素的最低值为 40，像素的最高值为 215，则拉伸效果如图 10-126 所示。

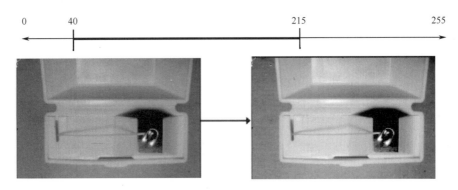

图 10-126

10.4.6　OCV 函数与 OCR 函数

1. OCV 函数

OCV 函数用于字符校对，并验证字符是否正确。常用的 OCV 函数为 VerifyText，形式为"VerifyText(Image,Fixture,Region,Font,String,Accept,Tune,Show)"。在"选择板"选项卡中，选择"函数"→OCV/OCR→VerifyText，并将其直接拖拽到电子表格中，即可进行应用。

在 VerifyText 中，可指定一个希望进行匹配的字符串模型，并将图像区域的各个图像与字符串模型进行比较，根据"合格阈值"文本框中的设置值确定匹配是否成功。

下面将对 VerifyText 的属性设置进行说明。

- "检测模式"下拉列表：用于指定检测模式，包括"读取"和"读取/检验"两个选项，如图 10-127 所示。

图 10-127

- "匹配字符串"文本框：用于设置匹配的字符串，即在如图 10-128 所示的对话框中设置字符串模型，如 0390205024，效果如图 10-129 所示。

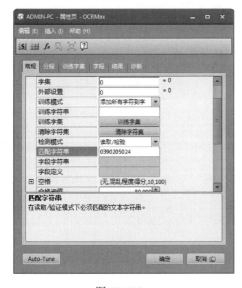

图 10-128

图 10-129

- "合格阈值"文本框："合格阈值"文本框中的设置值要超过类似字符模型的匹配分数，如图 10-130 所示。类似字符模型取决于混淆矩阵，例如，易与字母 O 混淆的有 Q、C、0 等；易与字母 P 混淆的有 B、R、F 等。

图 10-130

注意：在识别字符的过程中，提高读取率的方法有获得高分辨率图像、尽量保证字符间的间距相等、把读取率低的字符训练为类似字符模型。

在 VerifyText 的属性设置完成后，可根据"合格阈值"文本框中的值确定匹配是否成功：若所有字符得分均大于"合格阈值"文本框中的值，并且在与字符串模型进行比较时，无更高的匹配得分（混淆矩阵），则判定匹配成功，否则，判定匹配失败。

2. OCR 函数

OCR 函数用于读取字符串中的字符。常用的 OCR 函数为 OCRMax，形式为"OCRMax(Image,Fixture,Region,Font…)"。在"选择板"选项卡中，选择"函数"→OCV/OCR→OCRMax，并将其直接拖拽到电子表格中，即可进行应用，如图 10-131 所示。

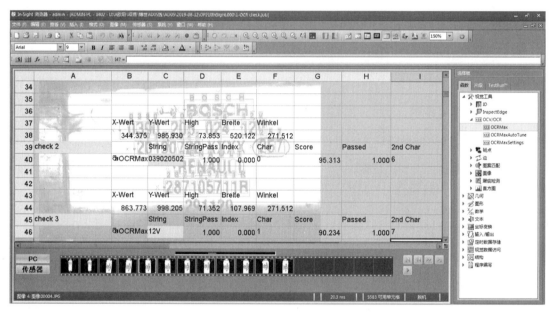

图 10-131

OCRMax 函数通过字体模型读取一个字符串，并通过设置"合格阈值"文本框中的值确定匹配是否成功。下面将对 OCRMax 的属性设置进行说明，如图 10-132 所示。

- "图像"文本框：表示引用的图像。
- "区域"选项：表示查找字符的区域。
- "字集"文本框：表示引用的字集。
- "外部设置"文本框：用于引用外部 OCRMax 的数据结构。
- "训练模式"下拉列表：用于选择字集的训练模式。
- "训练字符串"文本框：表示需要被训练的字符串。
- "检测模式"下拉列表：可选择"读取"或"验证"选项。
- "字段字符串"文本框：指定与每个字符串位置匹配的字符类型。
- "字段定义"文本框：表示"字段字符串"的构成。例如，在"字段字符串"文本框

中输入"#%****·**"、在"字段定义"文本框中输入"#=ABC；%=123"，则位置 1
（#）表示 ABC；位置 2（%）表示 123；位置 3～位置 6（*）表示经过训练的任何字
符；位置 7 表示空格；位置 8 和位置 9（*）表示经过训练的任何字符。

- "混淆阈值"文本框：表示最高得分与得分第二的分数之差，该值越高，则表示最佳
  匹配和次佳匹配之间的混淆可能性越低。当在"混淆阈值"文本框中输入 94 时，只
  有得分大于该值才会认为识别正确，如图 10-133 所示（该图中的得分为 94.141，大
  于 94）。

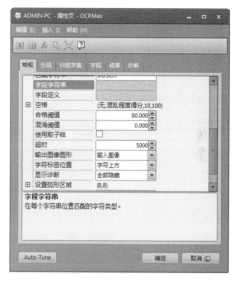

（a）上半部分　　　　　　　　　　　（b）下半部分

图 10-132

	A	B	C	D	E	F	G	H	I	J	K	L	M	N	O	P
33		⊕OCRMax	BOSCH	1.000	0.000	B		100.000	1.000	S		74.219	25.781		1.000	BOSCH	♣Plot
34																	
35																	
36																	
37		X-Wert	Y-Wert	High	Breite	Winkel											
38		359.767	1044.994	73.853	520.122	265.428											
39	check 2		String	StringPass	Index	Char	Score	Passed	2nd Char	2nd Score	Char Difference			0.000			
40		⊕OCRMax	03902050.	1.000	0.000	6	94.141	1.000	6		65.625	28.516		1.000	0390205024	
41																	
42																	
43		X-Wert	Y-Wert	High	Breite	Winkel											
44		877.540	1002.148	71.352	107.969	265.428											
45	check 3		String	StringPass	Index	Char	Score	Passed	2nd Char	2nd Score	Char Difference			0.000			
46		⊕OCRMax	12V	1.000	0.000	1	86.328	1.000		42.578	43.750		1.000	12V	♣Plot
47																	
48																	
49		X-Wert	Y-Wert	High	Breite	Winkel											
50		411.510	961.773	71.351	293.684	265.428											
51	check 4		String	StringPass	Index	Char	Score	Passed	2nd Char	2nd Score	Char Difference			0.000			
52		⊕OCRMax	20190722	1.000	0.000	2	89.453	1.000	7		48.438	41.016		1.000	20190722	

图 10-133

> **注意**：字符串中的每一个字符，都通过最高得分的字符串模型进行确定，并且字符串
> 中的各字符得分都必须超过"合格阈值"文本框中的值。

10.5 In-Sight 软件的实例应用

10.5.1 饮料颜色识别

"颜色"工具用于确定在训练颜色模型中与图像颜色最匹配的颜色。该工具在许多场景中都能用到。例如，想要基于部件或对象的颜色确保生产线上运行的是正确的产品，或者想要识别哪个产品正在运行，并将信息传达给车间设备。

应用"颜色"工具进行饮料颜色识别的操作步骤如下。

❶ 可通过"采集/加载图像"选项组下的"触发器""实况视频""从 PC 加载图像"按钮加载图像。由于此处的图像是预先采集好的，因此，可以单击"从 PC 加载图像"按钮，如图 10-134 所示，并选择回放文件夹的存储路径，如图 10-135 所示。

图 10-134

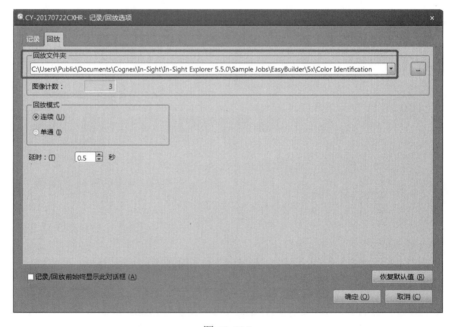

图 10-135

❷ 选择"检查工具"→"产品识别工具"→"颜色"，即可添加"颜色"工具，如图 10-136 所示。"颜色"工具只有在带颜色的模型中才能应用。

❸ 在"形状"下拉列表中选择颜色识别的区域类型（矩形、圆、圆环、多边形），如图 10-137 所示。例如，在这里选择"矩形"，则将矩形区域拖至需要识别的颜色区域上，如图 10-138 所示。

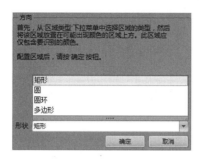

图 10-136　　　　　　　　　图 10-137　　　　　　　　　图 10-138

❹ 训练颜色模型，即依次添加需要训练的颜色，如图 10-139 所示。

❺ 运行检测实例，在"选择板"选项卡中将显示颜色识别结果，如图 10-140 所示。

图 10-139　　　　　　　　　　　　　　　图 10-140

10.5.2　药片错漏检测

对于药片的错漏检测，主要使用的工具有"颜色转为二进制"工具、"斑点"工具等。药片错漏检测的步骤如下。

❶ 可通过"采集/加载图像"选项组下的"触发器""实况视频""从 PC 加载图像"按钮加载图像。由于此处的图像是预先采集好的，因此，可通过单击"从 PC 加载图像"按钮加载图像，如图 10-141 所示，并选择回放文件夹的存储路径，如图 10-142 所示。

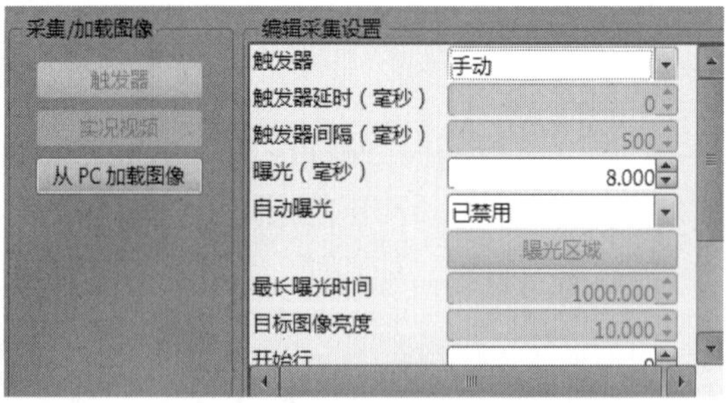

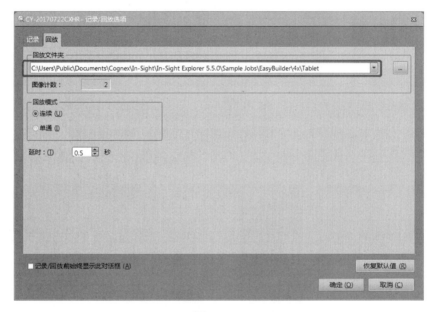

图 10-141

图 10-142

❷ 选择"检查工具"→"图像滤波工具"→"颜色转为二进制",即可添加"颜色转为二进制"工具,如图 10-143 所示。

图 10-143

❸ 在"形状"下拉列表中选择药片错漏检测的区域类型(矩形、圆、圆环、多边形),例如,在这里选择"矩形",则将矩形区域拖至需要识别的区域上,如图 10-144 所示。

❹ 在"颜色转为二进制"工具的设置中训练颜色模型，即添加需要训练的颜色，如图 10-145 所示。

图 10-144　　　　　　　　　　　　　　图 10-145

❺ 编辑工具"筛选_1"：打开"常规"选项卡，在"工具图像"下拉列表中选择"颜色过滤器_1.Image"，如图 10-146 所示；打开"设置"选项卡，在"操作"下拉列表中选择"蚀刻"，在"过滤行""过滤列"文本框中输入 6，如图 10-147 所示。

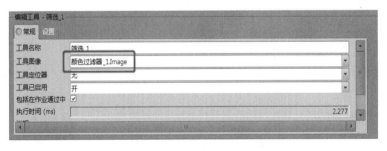

图 10-146

图 10-147

❻ 编辑工具"筛选_2"：打开"常规"选项卡，在"工具图像"下拉列表中选择"筛选_1.Image"，如图 10-148 所示；打开"设置"选项卡，在"操作"下拉列表中选择"填充深色孔"，如图 10-149 所示。

图 10-148

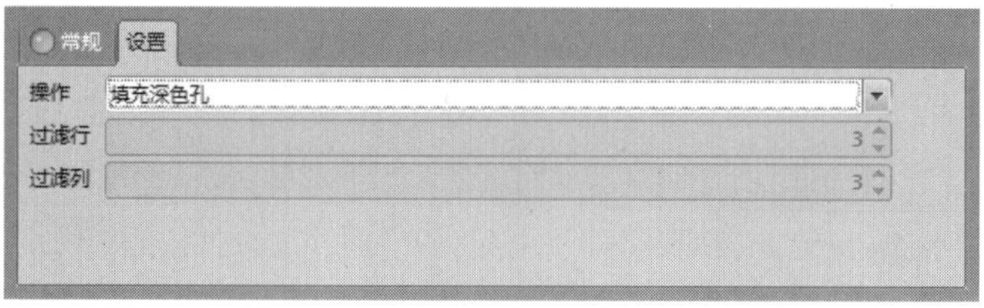

图 10-149

❼ 编辑工具"斑点_1"：打开"常规"选项卡，在"工具图像"下拉列表中选择"筛选_2.Image"，如图 10-150 所示；打开"设置"选项卡，在"最小区域（像素）"文本框中输入 300，在"最大区域（像素）"文本框中输入 100000，如图 10-151 所示；打开"范围限制"选项卡，在"最大"文本框和"最小"文本框中输入 10，如图 10-152 所示。

图 10-150

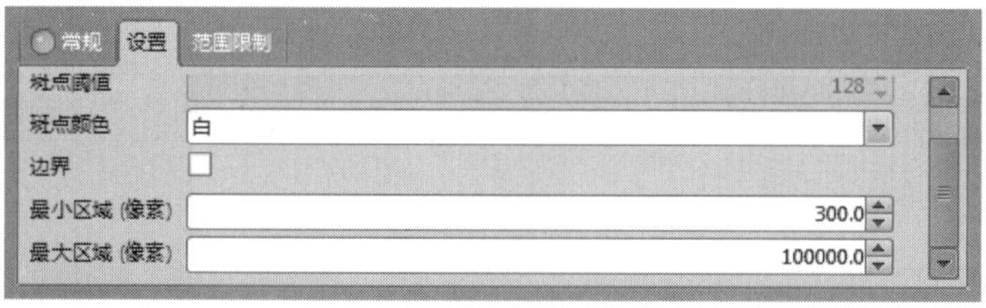

图 10-151

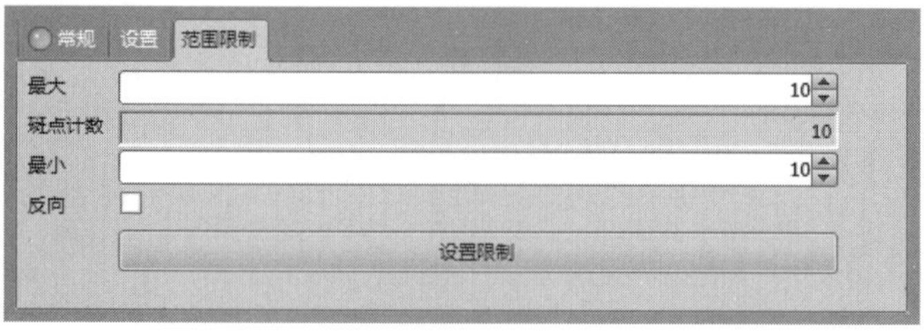

图 10-152

❽ 运行检测实例，在"选择板"选项卡中将显示药片错漏检测结果：运行成功的效果如图 10-153 所示；运行不成功的效果如图 10-154 所示。

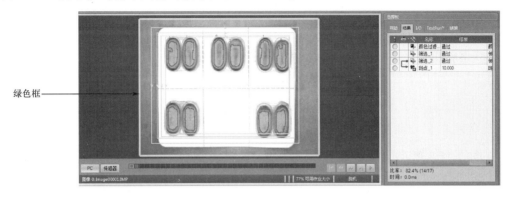

图 10-153

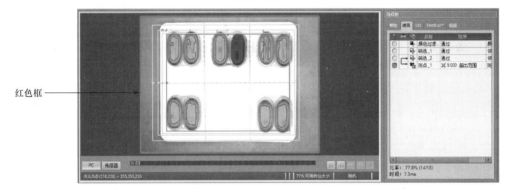

图 10-154

习题及实验

❶ 请简述"颜色转为二进制"工具的作用。

❷ 请简述"斑点"函数的应用方法。

❸ 在 In-Sight 软件中，有哪些建立通信连接的方式？

❹ 在 In-Sight 软件中，有哪些触发器类型？

❺ 简述如何计算一个圆环的面积。

❻ 简述"PatMax RedLine™ 图案"工具和"PatMax RedLine™ 图案（1-10）"工具的区别。

❼ 利用 OCR 函数读取字符，如图 10-155 所示，并显示在界面中。

图 10-155

课外小知识：利用 In-Sight 软件引导机器人实现活塞的定位抓取

某活塞企业的主要产品为高性能活塞（直径为 30~350mm）。为了实现自动上下料、自动料道连接，可应用视觉检测技术引导机器人实现活塞的定位抓取，但仍存在如下问题。

- 活塞在料道上是面部朝下放置，由于活塞面不是很平，中间约高出 2mm（之后还要削掉），所以相机在拍照时，工件与料道之间存在倾斜角。
- 工件的种类较多，外观、大小都有差异，骨节凹槽的深度在 40mm 左右（骨节的形状类似于人的关节连接处，如图 10-156 所示）。由于在检测过程中，既要凸显骨节凹槽的特征，又要反映两侧凸台的表面特征，因此，对光源的要求比较苛刻。

为了解决上述问题，系统选用一个较大的高亮度、大颗粒环形光源（中间空洞很大），如图 10-157 所示。

图 10-156   图 10-157

在此基础上，系统还优化了视觉引导检测流程和机器人抓取流程。

- 视觉引导检测流程：①在料道的光电感应拍照区域无工件时，PLC 控制料道向前运动，直至发生光电感应；②在拍照区域有工件时，料道停止运动；③PLC 提供相机触发信号，相机进行拍照检测；④先使用 FindPatMaxPatterns 函数获取骨节凹槽的特征，计算活塞的中心坐标，之后以骨节凹槽为定位，检测两侧的凸台，即判别凸台在凹槽的左侧还是右侧，继而判别活塞的倾斜角；⑤在检测结束后，相机把中心坐标、倾斜角通过 Modbus TCP 发送给 PLC，从而控制机器人抓取活塞。
- 机器人抓取流程：①PLC 在接收到相机发送的中心坐标、倾斜角后，控制机器人调整相应的姿态来抓取工件；②将工件放置到料道旁的圆环形工装台上，调整机器人的另一个抓手进行抓取，并放置到运动的机床加工料道上；③机器人返回等待位，触发相机拍照；④若在视野内无工件，则料道向前运动一段距离后停止；⑤相机进行再次拍照，机器人再次抓取，之后进行无限循环。

第 2 部分
机器视觉实战

第 11 章

机器视觉软件 CKVisionBuilder 实战

11.1 案例：耳机胶水检测

【项目背景】某一耳机的生产厂商发现，某批次的耳机存在密封不严的质量问题，需要回收这一批次的耳机进行重新检测。耳机的生产工艺是在耳机的装配前先涂上一层胶水，然后组装耳机的外壳。耳机在组装前会由人工检测有无涂抹胶水。检测人员在长时间工作后，因较为疲劳，没能及时发现未涂胶的耳机。经了解，应用 CKVisionBuilder 软件的视觉检测系统可以解决当前问题，需要检测的项目包括：有无胶水、胶水有无断裂或溢胶、铜线是否暴露等。应用 CKVisionBuilder 软件的视觉检测系统检测产品，如图 11-1 所示。

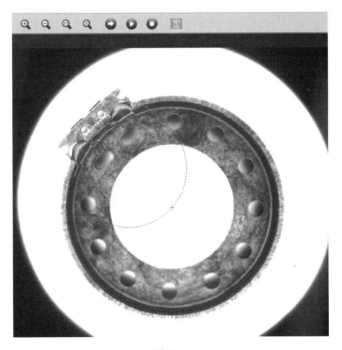

图 11-1

【系统设计】视觉检测系统的设计如图 11-2 所示。

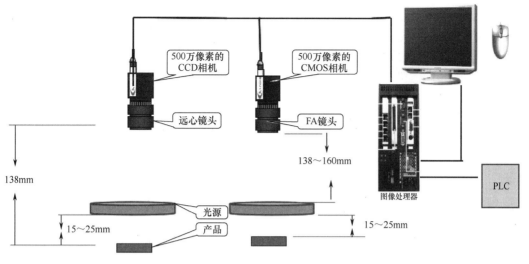

图 11-2

【配置清单】配置清单如表 11-1 所示。

表 11-1

序号	产品名称	型号	数量
1	500 万像素的 CCD 相机	Manta G-504B	1
2	远心镜头	CK-SDM230-56-AL	1
3	500 万像素的 CMOS 相机	Mako G-503B（PoE）	1
4	FA 镜头	M2514-MP	1
5	图像处理器	CKVision 图像处理器-L4	1
6	光源	CK-HRL-1000X030	2
7	光源控制器	CK-HCT-24V-2	1

【关键参数】对 CCD 和 CMOS 相机的关键参数说明如表 11-2 所示。

表 11-2

关键参数	CCD 相机	CMOS 相机
分辨率	2500×2000	2500×2000
芯片尺寸	2/3inch	1/2.5inch
帧率	15f/s	15f/s
镜头	0.2 倍的远心镜头	FA 镜头（25mm）
工作距离	138mm	160mm
视野	44mm×33mm（固定）	36mm×30mm（可根据工作距离调整）
精度	0.015mm	0.015mm

【安装要求】

● 固定相机与光源，使其不能晃动。

● 产品的来料位置偏差小于 1mm，不允许有倾斜。

● 避免强烈的外部环境光干扰。

- 产品表面不能有脏污、碎屑等。
- 相机与产品需要垂直安装。
- 相机、光源支架可以上下调整。

【工作流程】工作流程如图 11-3 所示。

【程序解析】产品在到达拍照位置后，触发相机采集图像；进行图像的预先处理（膨胀、反色）；使用"轮廓匹配"和"斑点分析"方法检测在耳机的沟槽里有无涂胶，以及胶水是否断裂、铜线是否暴露等。检测的结果通过 I/O 通信进行输出。程序截图如图 11-4 所示。

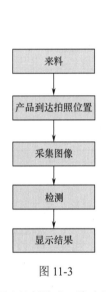

图 11-3   图 11-4

【测试效果】经过测试，胶水断胶、铜线暴露、无胶水等缺陷均能被检测出来，如图 11-5 所示。

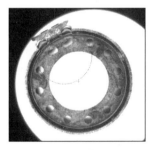 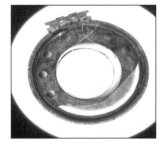 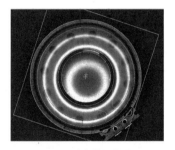

（a）胶水断胶检测效果   （b）铜线暴露检测效果   （c）无胶水检测效果

图 11-5

11.2   案例：齿轮同心度测量

【项目背景】某齿轮制造商在制造过程中，需要通过视觉检测系统测量其齿轮中心和锯齿的同心度，并将 OK 信号、NG 信号发送给 PLC。产品检测图如图 11-6 所示。

【系统设计】视觉检测系统的设计如图 11-7 所示。

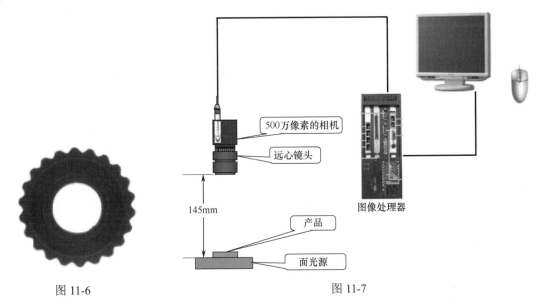

图 11-6　　　　　　　　　　　　　　　　　　图 11-7

【配置清单】配置清单如表 11-3 所示。

表 11-3

序号	产品名称	型号	数量
1	机器视觉软件	CKVisionBuilder 3.1.1.4	1
2	加密锁	HSLP HL	1
3	相机	CK-JV500CI-CMOS	1
4	镜头	CK-XFO.3X-110M	1
5	光源	CK-HGL-1000W0100	1
6	工控机	CK-IPC00-I5-4G	1
7	高柔网线（5m）	CK-N-RTL-5M	1

【关键参数】对相机的关键参数说明如下。

- 分辨率：500 万像素的 CMOS 相机，分辨率约为 2500×2000。
- 芯片尺寸：2/3inch。
- 帧率：15f/s。
- 镜头：0.3 倍的远心镜头。
- 工作距离：145mm。
- 视野：120mm×90mm（固定）。
- 精度：0.048mm。
- 检测总时间估算：相机拍照时间 t_1 为 80ms，图像处理时间 t_2 为 25ms，检测总时间 T（t_1+t_2）为 105ms。

【安装要求】

- 固定相机与光源，使其不能晃动。
- 产品的来料位置偏差小于1mm，不允许有倾斜。
- 避免强烈的外部环境光干扰。
- 齿轮表面不能有脏污、碎屑等。
- 相机与产品需要垂直安装。

【工作流程】工作流程如图11-8所示。

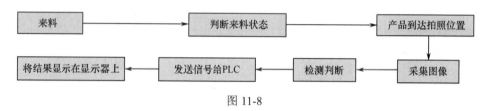

图 11-8

【程序解析】①产品在到达拍照位置后，触发相机采集图像；②使用"轮廓匹配"和"检测圆形"方法检测齿轮的内圆；③使用"检测圆形1"方法检测齿轮外圆；④通过"点到点"方法计算内圆与外圆的距离，距离越小表示同心度越高。检测的结果通过 I/O 通信进行输出。程序截图如图11-9所示。

【测试效果】测试效果如图11-10所示，即将 OK 信号发送给 PLC。

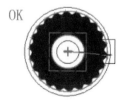

（a）　　　　　　　　　　　（b）

图 11-9　　　　　　　　　　　　　　　图 11-10

11.3　案例：贴膜检测

【项目背景】某电子产品的生产商，在新型电子产品出库时会对产品进行贴膜，以防产品因刮伤造成外观缺损。由于产品贴膜的精度高（0.05mm），仅靠人工视觉无法进行判断，因此在贴膜后需要采用视觉在线检测方案对其进行质量检测。在检测贴膜外观时，不合格的产品情况包括：①贴膜与产品的形状不匹配、有差异；②贴膜与产品的颜色不一致；③产品有残缺；④贴膜的位置有误。需要应用视觉在线检测方案进行检测的产品共 4 种，如图 11-11 所示。

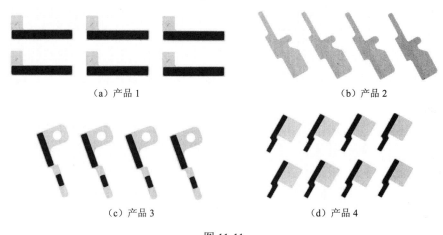

（a）产品 1　　　　　　　　　（b）产品 2

（c）产品 3　　　　　　　　　（d）产品 4

图 11-11

【系统设计】视觉在线检测方案的设计如图 11-12 所示。

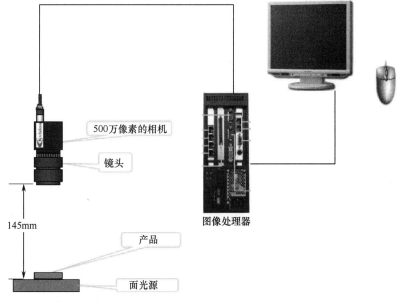

500万像素的相机

镜头

145mm

图像处理器

产品

面光源

图 11-12

【配置清单】配置清单如表11-4所示。

表 11-4

序号	产品名称	型号	数量
1	机器视觉软件	CK VisionBuilder 3.1.1.4	1
2	加密锁	HSLP HL	1
3	相机	CK-JV500CI-CMOS	1
4	镜头	FL-CC2514A-2M	1
5	光源	CK-HGL-1000W0100	1
6	工控机	CK-IPC00-I5-4G	1
7	高柔网线（5m）	CK-N-RTL-5M	1

【关键参数】对工业相机的关键参数说明如下。

- 分辨率：500万像素的CMOS相机，分辨率约为2500×2000。
- 芯片尺寸：2/3inch。
- 帧率：15 f/s。
- 镜头：25mm的普通镜头。
- 工作距离：145mm。
- 视野：80mm×65mm（固定）。
- 精度：0.03mm。
- 检测总时间估算：相机拍照时间 t_1 为80ms，图像处理时间 t_2 为30ms，检测总时间 T（t_1+t_2）为110ms。

【安装要求】

- 固定相机与光源，使其不能晃动。
- 产品的来料位置偏差小于1mm，不允许有倾斜。
- 避免强烈的外部环境光干扰。
- 贴膜表面不能有脏污、碎屑等。
- 相机与产品需要垂直安装。
- 相机、光源支架可以上下调整。

【工作流程】工作流程如图11-13所示。

图 11-13

【程序解析】①产品到达拍照位置，触发相机采集图像；②利用"颜色转灰"方法将拍摄的彩色图像转换成黑白图像；③通过指定的模板特征进行多轮廓匹配；④通过选择不同的分支节点，令不同的贴膜模板执行不同的检测流程；⑤检测的结果通过 I/O 通信进行输出。程序截图如图 11-14 所示。

（a）　　　　　　　　（b）　　　　　　　　（c）

图 11-14

【测试效果】测试效果如图 11-15 所示。

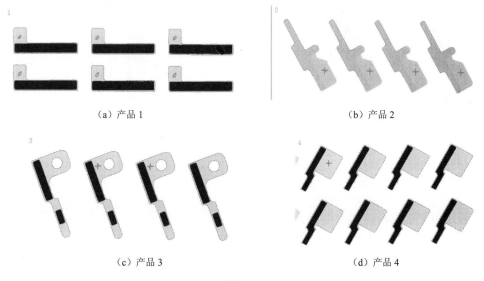

（a）产品 1　　　　　　　　（b）产品 2

（c）产品 3　　　　　　　　（d）产品 4

图 11-15

11.4 案例：电机组装精度检测

【**项目背景**】某汽车厂商想要提高电机组装的精度，即在组装过程中利用视觉检测系统检测电机定子的来料角度、电机底部、电机外壳等，实现定位取料与装配，并且使用多组相机对产品进行拍照、通过二维条码识别来料批次等。检测产品如图 11-16 所示。

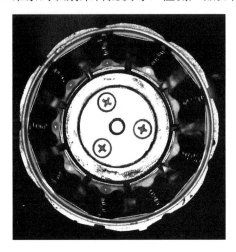

图 11-16

【**系统设计**】视觉检测系统的设计如图 11-17 所示。

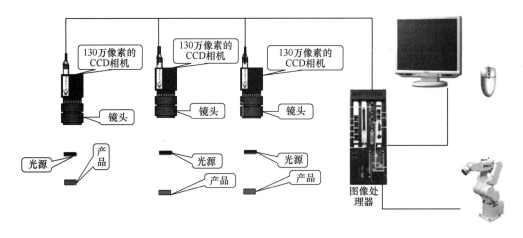

图 11-17

【**配置清单**】配置清单如表 11-5 所示。

表 11-5

序号	产品名称	型号	数量
1	相机	CK-JV130DM	3
2	光源	CK-RI18060	3

（续表）

序号	品名	型号	数量
3	光源控制器	CK-DP1024-4	1
4	网卡	CK-Net1000-2	1
5	软件	CKVisionBuilder 3.1.1.4	1
6	镜头	CK-APL25	3

【关键参数】对相机的关键参数说明如下。

● 检测总时间：相机的拍照时间 t_1 为 80ms，图像的检测处理时间 t_2 为 50ms，数据的发送时间 t_3 为 100ms，检测总时间 T（$t_1+t_2+t_3$）为 230ms（未包含运动控制时间）。

● 精度：精度的计算公式为"精度=视野/相机分辨率"，3 台 130 万像素的 CCD 相机采用 50mm 镜头，视野约为 40mm×30mm，一个像素的大小约为 0.03mm（40/1280mm），考虑到在实际操作中的误差，估计最终的精度约为 0.05mm。

【安装要求】

● 固定相机与光源，使其不能晃动。

● 产品的来料位置偏差小于 1mm，不允许有倾斜。

● 避免强烈的外部环境光干扰。

● 在电机定子上不能有线缆干扰。

● 相机与产品需要垂直安装。

【工作流程】工作流程如图 11-18 所示。

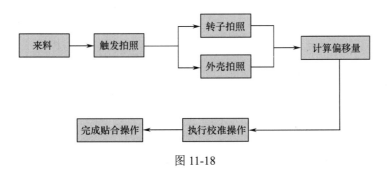

图 11-18

【程序解析】

● "通讯"选项卡：在与机器人进行 TCP/IP 通信时，相机作为从站，机器人作为主站。这部分的程序用于数据的交互与处理，如图 11-19 所示。

● "前段处理"选项卡：在这段程序中，主要包括三个功能：①读取小推车二维码；②读取壳体二维码；③进行前段壳体定位，如图 11-20 所示。

（a）第一部分

（b）第二部分

（c）第三部分

图 11-19

（a）第一部分

（b）第二部分

图 11-20

（c）第三部分

（d）第四部分

图 11-20（续）

- "后段拍定子角度"选项卡：通过"轮廓匹配"方法训练定子的特征模板，当转子的相对位置发生变化时，模板的角度也会跟随其变化，如图 11-21 所示。

（a）第一部分

（b）第二部分

（c）第三部分

图 11-21

- "后段拍定子底部"选项卡：主要采用"轮廓匹配"和"检测圆形"方法实现功能，即通过"轮廓匹配"方法将定子底部的三个螺栓（圆柱）训练为模板；通过"检测圆形"方法以定子的外圆为基准进行定位（定子底部需要与机器人进行 9 点标定），如图 11-22 所示。

（a）第一部分

（b）第二部分

图 11-22

- "后段拍外壳"选项卡：通过"轮廓匹配"方法筛选两种外壳类型，并针对两种外壳类型（A 外壳与 B 外壳）执行不同的检测流程，主要涉及"预先处理""检测圆形""轮廓匹配""坐标校准"等（外壳需要与机器人进行 9 点标定），如图 11-23 所示。

（a）第一部分　　　　　　　　（b）第二部分　　　　　　　　（c）第三部分

图 11-23

【测试效果】在此视觉检测系统中，涉及 4 个标定操作：①前段外壳定位标定（机械手与相机之间的标定）；②后段定子底部相机标定（机械手与底部相机之间的标定）；③后段 A 外壳标定（A 工位上的相机与底部相机的标定）；④后段 B 外壳标定（B 工位上的相机与底部相机的标定）。其中，①和②的标定方法相同，③和④的标定方法相同。需要重点掌握"轮廓匹配""坐标校准""检测圆形"的运用方法，了解数据交互，以及各工具之间的逻辑配合方法。测试效果如图 11-24 所示。

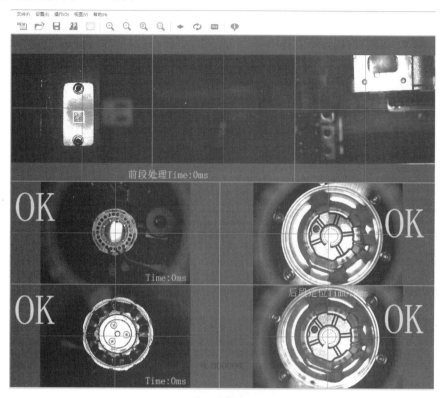

（a）左侧

（b）右侧

图 11-24

第 12 章

机器视觉软件 In-Sight 实战

12.1 案例：轴承高度测量

【**项目背景**】某汽车零配件制造商在生产过程中发现：因电机的装配超出允许范围，导致产品不合格。为了防止再次发生同类事件，以及基于提高产品质量的考虑，提出通过视觉检测系统进行在线测量的需求，要求检测精度为 0.1mm，并对轴承装配进行正、反检测。在本案例中，使用了 COGNEX 的 In-Sight 进行产品定位，该软件可在最棘手的条件下提供准确和可重复的检测，并采用一系列不依赖于像素网格的边界曲线获取物体的几何形状。这种技术不受特定灰度级别的限制，不管物体角度、大小、形状如何变化，都能准确找到物体。产品检测的示意图如图 12-1 所示。

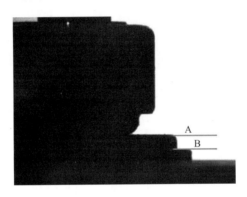

图 12-1

【**系统设计**】视觉检测系统的设计如图 12-2 所示。

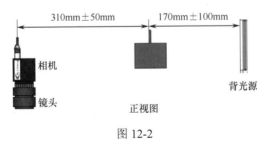

图 12-2

【**配置清单**】配置清单如表 12-1 所示。

表 12-1

序号	产品名称	型号	数量	备注
1	相机	IS8402M-363-50	1	
2	远心镜头	YM-5MDT0.4X110	1	
3	以太网网线（5m）	CCB-84901-2001-05	1	
4	电源	POE	1	
5	背光源	YM-BL100100-W	1	
6	光源控制器	YM-APC2424-2	1	
7	9inch 的 In-Sight 显示器	VV-900-00	1	选配

【关键参数】对相机的关键参数说明如下。

● 相机分辨率：1600×1200。

● 视野：22mm×16.5mm。

● 相机的安装距离（相机背面到工件轴心）：310mm±50mm。

● 光源的安装距离（光源正面到工件轴心）：170mm±100mm。

【安装要求】

● 光照强度不能有较大变化。

● 光源和相机安装在工件两头。

● 工件在当前工位中要与相机保持水平，产品相对于相机的倾斜角小于 0.5°（倾斜角越小，测量值越准确）。

【工作流程】工作流程如图 12-3 所示。

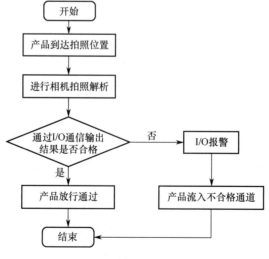

图 12-3

【程序解析】在测量范围中需要设置实际的产品尺寸，并进行像素转换，即"像素转换=产品尺寸/像素数"。在电子表格中的程序（上半部分、下半部分）分别如图 12-4 和图 12-5 所示。

	A	B	C	D	E	F	G	H	I	J	K
1		❧Patterns	1.000								1.50
2	产品定位										
3			索引	行	Col	角度	缩放比例	得分	50.000		
4		❧Patterns	0.000	766.404	852.603	0.082	100.015	97.180	1.000	2.000	偏心轴承
5											
6	找直线A与B		Row0	Col0	Row1	Col1	Score				
7		❧Edges	833.336	1014.337	833.336	1064.337	77.001				
8		❧Edges	873.336	1131.967	916.336	1134.530	96.884				
9			Row0	Col0	Row1	Col1	Score	row中点	col中点		
10	A线	❧Edges	36.957	711.967	36.957	741.967	62.134	36.957	726.967		
11	B线	❧Edges	833.781	996.967	833.781	1046.967	100.000	833.781	1021.967		
12	C线	❧Edges	933.969	1141.967	933.969	1191.967	86.680	933.969	1166.967		
13	D线	❧Edges	1026.000	1371.967	1026.000	1321.967	-100.000	1026.000	1346.967		

图 12-4

	A	B	C	D	E	F	G	H	I	J	K
11	B线	❧Edges	833.781	996.967	833.781	1046.967	100.000	833.781	1021.967		
12	C线	❧Edges	933.969	1141.967	933.969	1191.967	86.680	933.969	1166.967		
13	D线	❧Edges	1026.000	1371.967	1026.000	1321.967	-100.000	1026.000	1346.967		
14		❧Edges	541.452	1004.391	603.452	1004.391	58.883				
15											
16	测量距离		Row0	Col0	Row1	Col1	Angle	Distance			补偿
17	A-B	❧Dist	36.957	726.967	833.781	726.967	0.000	796.824	796.824	11.939	0.000
18	B-C	❧Dist	833.781	1021.967	933.969	1021.967	0.000	100.188	100.188	1.501	0.000
19	C-D	❧Dist	933.969	1166.967	1026.000	1166.967	0.000	92.031	92.031	1.379	0.000
20		❧Dist	833.781	1004.390	833.781	1004.390	-90.000	0.000			
21											
22			Index	Row	Col	Angle	Color	Score	Area		
23	轴承正反判断	❧Blobs	0.000	762.211	944.538	331.555	1.000	100.000	17112.000		

图 12-5

【测试效果】运行程序，效果如图 12-6 所示。在"选择板"选项卡中，选择"函数"→"图案匹配"→FindPatMaxPatterns，应用 FindPatMaxPatterns 函数快速找到轴的端点；在"选择板"选项卡中，选择"函数"→"边"→FindLine，应用 FindLine 函数找到 A、B 两个端面的位置，并计算它们之间的像素距离：185.238pix，如图 12-7 所示。

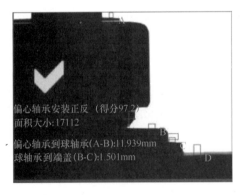

图 12-6

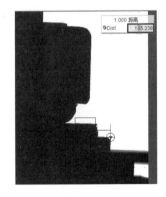

图 12-7

为了验证检测的稳定性，可通过多次拍照获取当前 A、B 端面像素距离的数据变化，如图 12-8 所示。

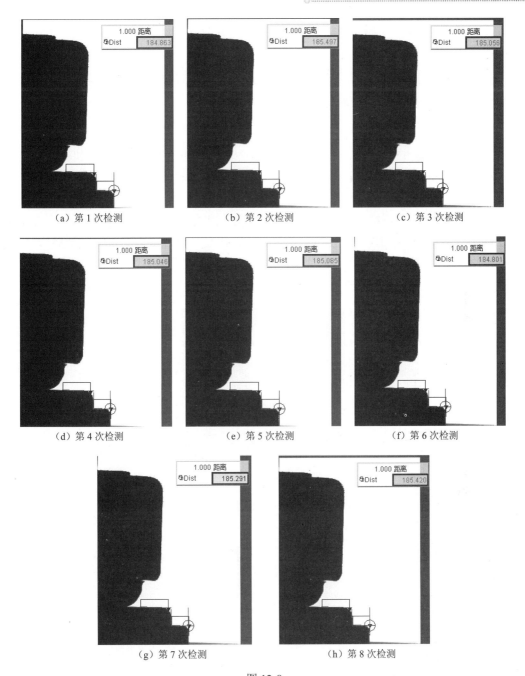

图 12-8

通过多次测量，可得到 A、B 两个端面的像素距离（单位：pix）的最大值为 185.497，最小值为 184.801，如图 12-9 所示。

	最新	最小	最大	平均	总和	StdDev	范围		NumError	NumSamples	
Stats	184.989	184.801	185.497	185.125	9256.252	0.150	0.696		0.000	50.000	Reset

图 12-9

因此，只要工件处于稳定状态，则检测误差为 1pix，可以满足客户的精度要求，即 0.1mm。

12.2 案例：磁铁裂缝检测

【**项目背景**】某汽车零配件制造商在电机生产、装配的过程中发现：电机内部的磁铁可能会被气缸压裂，因没有人工检测环节，造成出现问题的电机依然流入生产线的下一环节，导致终端客户投诉。为了防止再次出现同类事件，并保证产品的高质量生产，提出通过视觉检测系统进行磁铁表面裂缝检测的需求，要求检测精度为 0.2mm。在本案例中，主要的难点在于把光源的角度调整到最佳，使得裂缝处显示为黑色纹理（存在两种磁铁裂缝），以便进行斑点检测。在项目实施的过程中，因需要考虑外部环境对视觉的影响，通常会加上遮光板。产品检测的示意图如图 12-10 所示。

图 12-10

【**系统设计**】视觉检测系统的设计如图 12-11 所示。

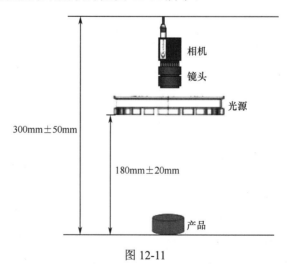

图 12-11

【**配置清单**】配置清单如表 12-2 所示。

表 12-2

序号	产品名称	型号	数量	备注
1	相机	IS7600M	1	
2	I/O 线	CCB-84901-0102-05	1	
3	以太网网线	CCB-84901-2001-05	1	
4	镜头	WWS05-110R	1	
5	光源	YM-RL9060-W	1	含 5m 延长线
6	光源控制器	YM-APC2460-2	1	

【关键参数】对相机的关键参数说明如下。

- 相机分辨率：1600×1200。
- 视野：40mm×30mm。
- 光源：采用白色环形光源。
- 相机的安装距离（相机背面到工件轴心）：300mm±50mm。
- 光源的安装距离（光源正面到工件轴心）：180mm±20mm。

【安装要求】

- 固定相机与光源，使其不能晃动。
- 产品的来料位置偏差小于 1mm，不允许有倾斜。
- 避免强烈的外部环境光干扰。
- 产品表面不能有脏污、碎屑等。
- 裂缝的宽度大于 0.2mm，长度大于 3mm。
- 产品必须在视野范围内。

【工作流程】工作流程如图 12-3 所示。

【程序解析】

❶ 产品到达拍照位置，触发相机采集图像。

❷ 应用"位置工具"下的"圆"工具，在磁铁的圆环上寻找边对特征，若找到，则可判定为不合格产品；应用"位置工具"下的"斑点"工具，在圆环上搜寻黑色斑点（裂缝为黑色），通过斑点的"伸长"值判断是否存在裂缝（裂缝的形状呈细长状），若超过设定值，即可判定为不合格产品。

❸ 检测的结果通过 I/O 通信进行输出：若产品检测合格，则发送 good 字符串；若产品检测不合格，则发送 bad 字符串。

部分程序截图如图 12-12 和图 12-13 所示。

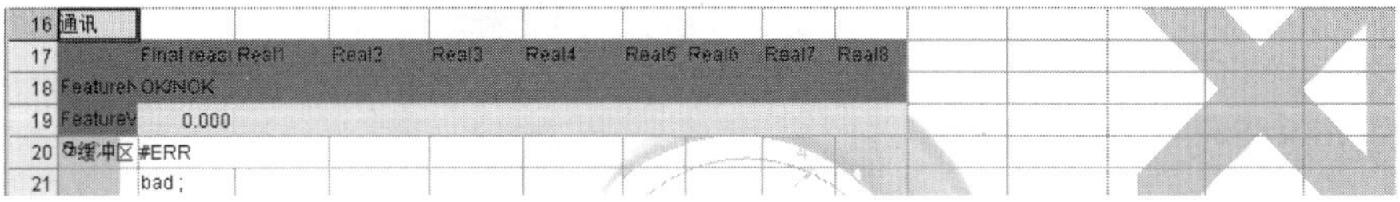

图 12-12

	A	B	C	D	E	F	G	H	I	J	K	L	M	N	O
30	定位：														
31		CentRow	CentCol	半径	得分										
32	Edges	596.516	789.825	231.946	-39.645	231.946		1.000	OK						
33		Thresh	对比度	DarkCount	BrightCou	平均值									
34	Hist	207.000	107.152	0.000	8237.000	250.149									
35								1.000	OK						
36	查找边：														
37															
38		Edges	0.000			0.000		1.000	OK						
39															
40	斑点查找：														
41															
42			索引	行	Col	角度	颜色	得分	区域	伸长					
43		Blobs	0.000	535.273	897.820	315.296	0.000	100.000	128.000	0.384		0.384		0.000	
44			1.000	510.470	925.890	140.892	0.000	100.000	100.000	0.225		0.225		0.000	
45			2.000	674.294	731.706	334.692	0.000	100.000	68.000	0.500		0.500		0.000	
46			3.000	717.810	678.905	307.090	0.000	100.000	63.000	0.017		0.017		1.000	
47			4.000	415.822	879.089	314.420	0.000	100.000	45.000	0.019		0.019		1.000	
48															
49														0.000	NG

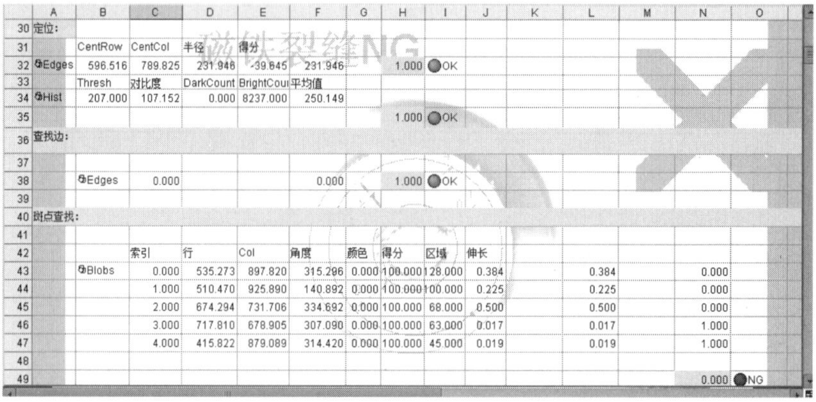

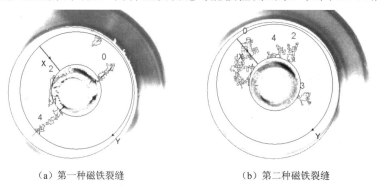

图 12-13

【测试效果】通过测试可知，两种磁铁裂缝均能被检测出来，如图 12-14 所示。

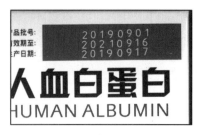

（a）第一种磁铁裂缝　　（b）第二种磁铁裂缝

图 12-14

12.3 案例：药盒字符识别

【项目背景】近年来，医药行业频繁发生安全事件。于是，某国药集团针对旗下的某款药盒表面的生产日期、有效期、产品批号进行自动识别，防止在生产过程中发生因批号与日期不匹配造成在系统中无法追踪、出现问题后无法追责的情况。通过视觉检测系统可稳定读取药盒上的字符（识别率为 99%），并自动验证读取的内容是否与当前的生产信息匹配。生产日期、有效期、产品批号的内容识别广泛应用于医药行业中，依靠 OCRMax 函数可为用户解决识别率低等问题。检测的产品如图 12-15 所示。

图 12-15

【系统设计】视觉检测系统的设计如图 12-16 所示。

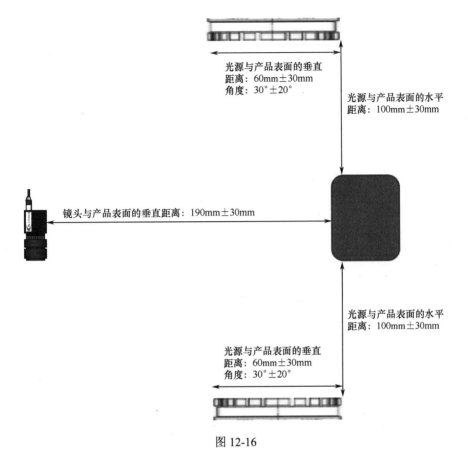

光源与产品表面的垂直
距离：60mm±30mm
角度：30°±20°

光源与产品表面的水平
距离：100mm±30mm

镜头与产品表面的垂直距离：190mm±30mm

光源与产品表面的水平
距离：100mm±30mm

光源与产品表面的垂直
距离：60mm±30mm
角度：30°±20°

图 12-16

【配置清单】配置清单如表 12-3 所示。

表 12-3

序号	产品名称	型号	数量	备注
1	相机	IS7400M	1	带 PATMAX
2	高清镜头（12.5mm）	FUJINON HF12.5HA-1B	1	
3	以太网网线（10m）	CCB-84901-1002-10	1	
4	I/O 线（5m）	CCB-PWRIO-05	1	
5	光源控制器	YM-APC2424-2	1	
6	光源	YM-LAU10030-W	2	

【关键参数】对相机的关键参数说明如下。

● 视野：90mm×67mm。

● 相机分辨率：800×600（500 万像素）。

● 光源：相机垂直向下拍照，2 个条形光源分别以与水平方向呈 30°角倾斜打光。

【安装要求】

- 检测产品表面距镜头的垂直距离偏差小于 2mm，水平偏差小于 3mm。
- 检测来料角度的偏差小于 3°。
- 检测的字符不能与其他字符重叠，或者存在其他干扰物。
- 将光源支架设计成位置或角度均可调。
- 将相机支架设计成位置可调。
- 每个字符不能与其他字符重叠，并且字符的大小一致。
- 每个字符不能超出字符下的黑色背景框，并且，与黑色背景框的边缘有一定的距离。

【工作流程】工作流程如图 12-3 所示。

【程序解析】部分程序截图如图 12-17～图 12-20 所示。

	A	B	C	D	E	F	G	H	I	J
2	定位									
3	⑤Patterns	1.000								
4		索引	行	Col	角度	缩放比例	得分			
5	⑤Patterns	0.000	377.490	415.345	0.508	100.006	99.351			
6										
7										
8	字符识别									
9		字符串	StringPass	索引	字符	得分	通过	第2个字符	第2个得分	字符差异
10	⑤OCRMax	20190901	1.000	0.000	2	94.922	1.000	9	32.813	62.109
11				1.000	0	93.359	1.000	9	51.172	42.188
12				2.000	1	94.531	1.000	?	#ERR	#ERR
13				3.000	9	95.703	1.000	0	57.813	37.891
14				4.000	0	92.578	1.000	9	49.609	42.969

图 12-17

	A	B	C	D	E	F	G	H	I	J
13				3.000	9	95.703	1.000	0	57.813	37.891
14				4.000	0	92.578	1.000	9	49.609	42.969
15				5.000	9	93.359	1.000	0	52.344	41.016
16				6.000	0	92.188	1.000	9	48.828	43.359
17				7.000	1	88.672	1.000	?	#ERR	#ERR
18										
19		字符串	StringPass	索引	字符	得分	通过	第2个字符	第2个得分	字符差异
20	⑤OCRMax	20210916	1.000	0.000	2	93.750	1.000	9	33.984	59.766
21				1.000	0	91.797	1.000	6	52.344	39.453
22				2.000	2	93.359	1.000	9	34.375	58.984
23				3.000	1	93.359	1.000	?	#ERR	#ERR
24				4.000	0	93.750	1.000	6	51.563	42.188
25				5.000	9	94.922	1.000	0	56.250	38.672

图 12-18

	A	B	C	D	E	F	G	H	I	J
26				6.000	1	92.969	1.000	0	30.078	62.891
27				7.000	6	95.703	1.000	0	53.906	41.797
28										
29										
30		字符串	StringPass	索引	字符	得分	通过	第2个字符	第2个得分	字符差异
31	GoOCRMax	20190917	1.000	0.000	2	94.141	1.000	7	55.078	39.063
32				1.000	0	92.969	1.000	9	50.781	42.188
33				2.000	1	90.625	1.000	?	#ERR	#ERR
34				3.000	9	93.750	1.000	0	53.516	40.234
35				4.000	0	92.578	1.000	9	48.828	43.750
36				5.000	9	94.531	1.000	0	53.125	41.406
37				6.000	1	92.969	1.000	7	31.250	61.719
38				7.000	7	90.234	1.000	9	53.516	36.719

图 12-19

	A	B	C	D	E	F	G	H	I	J
38				7.000	7	90.234	1.000	9	53.516	36.719
39										
40				预设值	当前值					
41	验证字符		产品批号	20190901	20190901	○OK				
42			生产日期	20190917	20210916	○OK				
43			有效日期	20210916	20190917	○OK				
44										
45										
46				1.000						
47	IO输出			0.000	○					
48				0.000	○					
49										
50										

图 12-20

【测试效果】

❶ 产品到达拍照位置，触发相机采集图像。

❷ 在"选择板"选项卡中，选择"函数"→"图案匹配"→FindPatMaxPatterns，应用 FindPatMaxPatterns 函数定位图像中的固定特征；选择"检查工具"→"产品识别工具"→"读取文本（OCRMax）"，即应用"读取文本（OCRMax）"工具训练并读取字符；使用字符验证功能，验证当前字符是否匹配。

❸ 检测的结果通过 I/O 通信进行输出。

通过测试可知，若来料角度在±3°内，则视觉检测系统均可稳定识别字符的内容和数量，如图 12-21～图 12-23 所示。

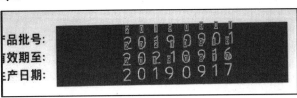

图 12-21

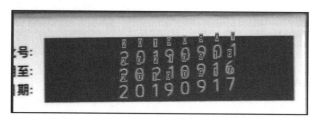

图 12-22

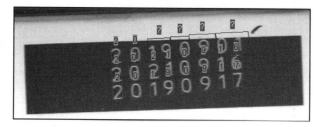

图 12-23

12.4　案例：白色齿轮注油检测

　　【项目背景】某汽车生产商十分注重汽车的安全性和稳定性，在生产过程中有着严格的数据监控系统。在组装电机时，发现电机中的白色齿轮未注油。经过多个生产环节的排查，发现注油设备故障，未能出油。由于电机中的油脂主要起到润滑作用，如果未注油，将会影响电机的使用寿命。为了防止再次发生同类事件，并保证产品的高质量生产，提出通过视觉检测系统进行白色齿轮注油检测的需求，即通过相机进行在线拍照、图像比对（未注油的产品表面会更亮）。检测的产品如图 12-24 所示；在视觉检测系统中的检测图如图 12-25 所示。

图 12-24

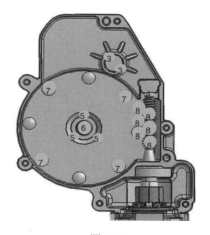

图 12-25

　　【系统设计】视觉检测系统的设计如图 12-26 所示。

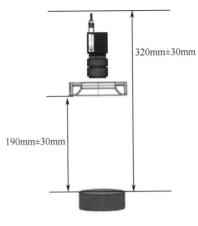

图 12-26

【配置清单】配置清单如表 12-4 所示。

表 12-4

序号	产品名称	型号	数量
1	相机	IS8402M-363-50	1
2	镜头	FUJINON HF16HA-1B	1
3	以太网网线（5mm）	CCB-84901-2001-05	1
4	电源	POE	1
5	开孔面光	YM-BLH220190-W	1
6	光源控制器	YM-APC2424-2	1

【关键参数】对相机的关键参数说明如下。

● 视野：140mm×105mm。

● 相机分辨率：1600×1200（200 万像素）。

● 镜头：采用 25mm 的高清镜头。

【安装要求】

● 产品表面干净，无其他干扰杂质。

● 每次注油点的油量不能差异过大。

● 相机与产品需要垂直安装。

【工作流程】工作流程如图 12-3 所示。

【程序解析】

❶ 产品在到达拍照位置后，触发相机采集图像。

❷ 在"选择板"选项卡中，选择"函数"→"图案匹配"→FindPatMaxPatterns，应用 FindPatMaxPatterns 函数快速定位白色齿轮；在"选择板"选项卡中，选择"函数"→"斑点"，在每个注油点应用"斑点"工具，通过黑色斑点的面积大小判断是否有注油，若低于设定值，则将其判为不合格。

❸ 检测的结果通过 I/O 通信进行输出：若检测合格，则发送数字 1；若不合格，则发送数字 2。程序截图如图 12-27～图 12-31 所示。

17		Final reasl	Real1	Real2	Real3	Real4	Real5	Real6	Real7
18	FeatureNames	OK/NOK	3 oil	4 oil	5 oil	6 oil	7 oil	8 oil	来料防错判断
19	FeatureValues	1.000	1.000	1.000	1.000	1.000	1.000	1.000	1.000
20	⑥缓冲区	⑤WriteResults							
21									

图 12-27

	A	B	C	D	E	F	G	H	I	J
19	⑥Patterns	1.000								
20		Index	Row	Col	Angle	Scale	Score			
21	⑥Patterns	0.000	659.919	365.991	2.493	99.989	68.865		1.000 ○OK	
22										
23	3号注油点									
24		Index	Row	Col	Angle	Color	Score	Area		
25	⑥Blobs	0.000	873.404	1515.054	205.692	0.000	100.000	9522.000	1.000 ○OK	
26		1.000						3962.000	0.000 ●NG	
27	5号注油点									
28		Index	Row	Col	Angle	Color	Score	Area		
29	⑥Blobs	0.000	546.186	1054.500	197.207	0.000	100.000	4840.000	1.000 ○OK	

图 12-28

	A	B	C	D	E	F	G	H	I	J
28		Index	Row	Col	Angle	Color	Score	Area		
29	⑥Blobs	0.000	546.186	1054.500	197.207	0.000	100.000	4840.000	1.000 ○OK	
30		1.000						4745.000	1.000 ○OK	
31		2.000						4285.000	1.000 ○OK	
32	6号注油点									
33		Index	Row	Col	Angle	Color	Score	Area		
34	⑥Blobs	0.000	542.232	939.340	279.367	0.000	100.000	18855.000	1.000 ○OK	
35										
36										
37	7号注油点									
38		Index	Row	Col	Angle	Color	Score	Area		
39	⑥Blobs	0.000	227.999	618.845	2.651	0.000	100.000	12814.000	1.000 ○OK	
40		1.000	242.166	1255.693	106.713	0.000	100.000	12303.000		

图 12-29

	A	B	C	D	E	F	G	H	I	J
40		1.000	242.166	1255.693	106.713	0.000	100.000	12303.000	1.000 ○OK	
41		2.000	838.369	611.986	98.300	0.000	100.000	10352.000	1.000 ○OK	
42		3.000	869.911	1235.028	35.975	0.000	100.000	9902.000	1.000 ○OK	
43										
44										
45	8号注油点									
46		Index	Row	Col	Angle	Color	Score	Area		
47	⑥Blobs	0.000	995.251	885.516	88.922	0.000	100.000	35328.000	1.000 ○OK	
48										
49								Finally Result	1.000	
50		1.000							1.000	
51	⑥缓冲区	#ERR								
52										

图 12-30

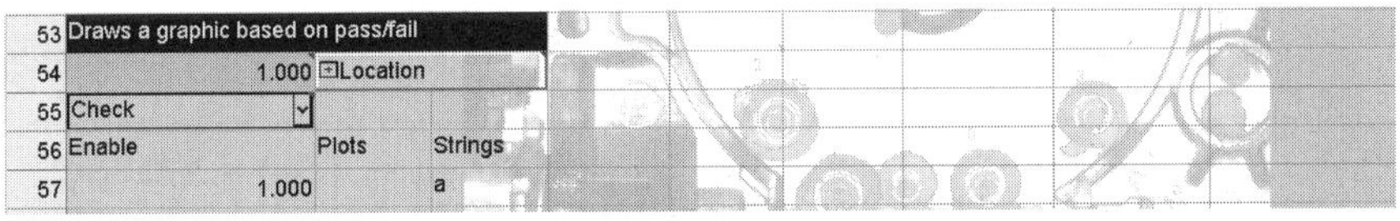

53	Draws a graphic based on pass/fail		
54	1.000	⊟Location	
55	Check		
56	Enable	Plots	Strings
57	1.000		a

图 12-31

【测试效果】测试程序，效果如图 12-32 和图 12-33 所示。

图 12-32

图 12-33

相机的像素与最大分辨率的对应关系

相机的像素	相机的最大分辨率
30 万	640×480
50 万	800×600
130 万	1280×1024
200 万	1600×1200
500 万	2592×2048
600 万	3072×2048
1000 万	3840×2728
2000 万	5472×3648